Mittermair / Sauer / Weiße
Solaranlagen – selbst gebaut

D1717690

Mittermair / Sauer / Weiße

Solaranlagen
– selbst gebaut

Anleitung zum Selbstbau von Systemen
zur Warmwasserbereitung

2., durchgesehene Auflage

Verlag C. F. Müller Karlsruhe

CIP–Titelaufnahme der Deutschen Bibliothek

Mittermair, Franz

Solaranlagen – selbst gebaut: Anleitung zum Selbstbau von
Systemen zur Warmwasserbereitung / Mittermair; Sauer; Weiße.
– 2., durchges. Aufl. – Karlsruhe: Müller, 1991
    ISBN 3-7880-7415-9
NE: Sauer, Werner:; Weiße, Gerhard:

2. Auflage 1991
© Verlag C.F. Müller GmbH, Karlsruhe
CAP-Satz: ARATOM software, Karlsruhe
Gesamtherstellung: E. Lokay, Reinheim

Printed in Germany
ISBN 3-7880-7415-9

Inhaltsverzeichnis

Inhalt

1. Vorwort der Autoren zur 2. Auflage

Es wird immer deutlicher, daß wir alle Möglichkeiten regenerativer Energiequellen nützen müssen, wenn wir unseren Nachkommen eine bewohnbare Erde hinterlassen wollen.

Solaranlagen zur Brauchwassererwärmung sind aktueller denn je. Der Deutsche Fachverband Solarenergie e.V. (DFS) hat aufgrund einer Untersuchung des Lübecker Physikers Prof. Dr. Helmut Weik berechnet, daß pro m^2 Kollektorfläche bei einer Lebenserwartung des Kollektors von mehr als 15 Jahren mehr als 1000 DM an durch Scdstoffemissionen entstehenden Umweltkosten vermieden werden. Die volkswirtschaftliche Entlastung liegt also bereits meist über den Kosten für die Kollektoren, die bei ca. 200 – 300 DM pro m^2 bei Selbstbausystemen und ca. 500 – 1200 DM bei Industriekollektoren liegen.

Dazu kommt, daß es ausgereifte und hundertfach in der Praxis erprobte Solaranlagen zur Brauchwassererwärmung gibt, die sogar unter den derzeit niedrigen Energiepreisen nicht nur für die Umwelt, sondern auch für den Besitzer rentabel arbeiten. Es handelt sich um Anlagen, die von Heimwerkern teilweise selbst gebaut werden können. Den Bau dieser Anlagen beschreibt unser Buch.

Dieses Buch ist ein Buch aus der Praxis für die Praxis. Wir beschreiben im Detail den (Selbst-)Bau von zwei Solaranlagentypen zur Brauchwasserbereitung, die das günstigste Kosten/Nutzen-Verhältnis aufweisen: die Anlage mit Kunststoff-Rippenrohr-Kollektor und die Kupfer (-Aluminium)-Anlage.

Der Kollektor kann jeweils vom Heimwerker relativ problemlos selbst gebaut werden. Die Installation des Speichers, der Wärmeträger- und Wasserleitung sollte, die Elektroinstallation muß jedoch vom Fachmann erfolgen.

Wir geben dem Heimwerker genaue Informationen, welche Teile der Anlage er selbst bauen kann, wie es geht, welches Material er benötigt usw. Und wir möchten das Handwerk darüber informieren, was beim Bau von Solaranlagen besonders zu beachten ist, da hier öfters Informationsdefizite feststellbar sind.

Daneben bietet dieses Buch ein umfangreiches und detailliertes Bezugsquellenverzeichnis, eine genaue Beschreibung der baurechtlichen Vorschriften in den einzelnen Bundesländern und Informationen über die inzwischen zahlreichen kommunalen und staatlichen Förderungsmöglichkeiten für Solaranlagen zur Warmwasserbereitung.

Der erste Abschnitt des Buches hat Grundlagencharakter. Wer über die Möglichkeiten der Solarenergie bereits Bescheid weiß, kann diesen Abschnitt überblättern.

Wir möchten mit diesem Buch ein Werkzeug in die Hand geben, das es Hausbesitzern, Mietern und Handwerkern leicht macht, einen wichtigen Beitrag zur Schonung unserer Umwelt (deren Teil wir sind) zu leisten.

Wir danken allen, die zum Gelingen dieses Buches beigetragen haben.

Wang, im Januar 1991

Franz Mittermair, Werner Sauer, Gerhard Weiße

2. Sonnenenergie

In diesem Abschnitt wollen wir darstellen, wo die Probleme herkömmlicher Energiequellen liegen, warum die Zukunft der direkten Sonnenenergienutzung gehört und wie diese Zukunft aussehen könnte.

2.1 Probleme herkömmlicher Energieträger

Herkömmliche Energieträger sind fast ausschließlich fossiler Natur. Über Jahrmillionen sind aus abgestorbenen Pflanzen unsere Kohle-, Öl- und Gasvorräte entstanden. Etwa in den letzten hundert Jahren haben wir einen großen Teil dieser Vorräte verbrannt, hauptsächlich um Wärme und zu einem geringeren Teil Kraft zu erzeugen. Die Nutzung dieser Vorräte wirft drei große Probleme auf.

Erstens entstehen bei der Verbrennung von Öl, Kohle und Gas Schadstoffe, vor allem Schwefel- und Stickstoffverbindungen. Diese Stoffe schädigen zunehmend unsere Umwelt. Inzwischen allgemein bekannte Folgen sind das Waldsterben, sterbende Seen, Erkrankungen der Atemwege beim Menschen, Schäden an Baudenkmälern usw. Weitere Folgen sind kaum abschätzbar. In letzter Zeit sind zwar grosse Anstrengungen zu erkennen, Kraftwerke mit Filteranlagen zu versehen, um den Schadstoffausstoß zu reduzieren. Ein großes Problem werden aber die Hausheizungen bleiben, in denen zur Zeit etwa die Hälfte der verwendeten fossilen Energieträger verbrannt wird.

Zweitens wird durch die Verbrennung die Atmosphäre zunehmend mit Kohlendioxid angereichert. Die große Mehrheit der Wissenschaftler, die damit befaßt sind, geht davon aus, daß der zunehmende CO_2-Gehalt der Atmosphäre und der dadurch ausgelöste „Treibhauseffekt" zu einer ökologischen Katastrophe fürchterlichen Ausmaßes führen wird.

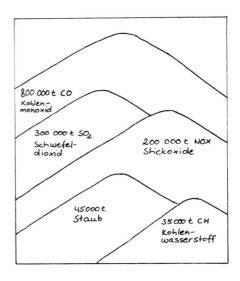

800 000 t CO Kohlenmonoxid

300 000 t SO_2 Schwefeldioxid

200 000 t NOX Stickoxide

45000 t Staub

35000 t CH Kohlenwasserstoff

Schadstoffbelastung in der Luft in der BRD im Jahre 1984 durch Feuerungsanlagen von Haushalten und Kleinverbrauchern. Datenquelle: Umweltbundesamt: Daten zur Umwelt 1986/87

Ein Treibhaus erwärmt sich deshalb sehr stark, weil das kurzwellige Sonnenlicht Glas zu etwa 90% durchdringt, dieses Licht aber beim Auftreffen auf Pflanzen usw. in langwellige Wärmestrahlung umgewandelt wird, welche vom Glas zurückgehalten wird. So funktionieren übrigens auch Sonnenkollektoren zur Warmwasserbereitung. Das Kohlendioxid in der Atmosphäre hat nun dieselbe Eigenschaft wie Glas, es hält die Wärmestrahlung auf, so daß sich die gesamte Erde wie ein Glashaus erwärmt. Folge dieser Erwärmung ist eine Kettenreaktion, die durch das Schmelzen von Polareis zu einem Anstieg des Meeresspiegels führt. Dabei werden riesige küstennahe Landstriche überflutet. Man rechnet damit, daß in nicht allzu ferner Zeit unter anderem ganz Holland und große Teile Norddeutschlands überschwemmt werden.

Drittens haben fossile Energieträger den Nachteil, daß sie in einigen Jahrzehnten, bei Kohle etwas später, zu Ende gehen bzw. daß die Förderungskosten enorm in die Höhe schnellen werden, da immer schwieriger ausbeutbare Lagerstätten genützt werden müssen. Beispielsweise rechnet man damit, daß der Ölpreis noch maximal 30 Jahre „spekulativ" sein und dann sehr schnell steigen wird. Fossile Energieträger sind also sehr problematisch und zudem begrenzt. Womit werden wir dann in Zukunft unsere Häuser heizen, unser warmes Wasser bereiten, unsere Geräte betreiben?

Viele setzen auf die Kernenergie. Derzeit werden in der Bundesrepublik etwa 1/3 des Stromes durch Kernenergie produziert. Das sind aber nur ca. 6% des gesamten Energieverbrauchs. Wollten wir tatsächlich fossile Energie vollständig durch Kernenergie ersetzen, bräuchten wir einige hundert Kernkraftwerke allein in Deutschland. Nicht erst seit Tschernobyl ist bekannt, daß Kernkraftwerke enorme Risiken darstellen. Und nicht nur Unfälle, auch der laufende Betrieb schädigen unsere Biosphäre irreparabel. Zum Beispiel dadurch, daß Plutonium entsteht und mit der Zeit in der Umwelt verteilt wird, ein Gift, wie es vor der künstlichen Kernspaltung auf der Erde praktisch nicht existierte und von dem ein Millionstel Gramm genügt, um einen Menschen zu töten. In der Kernenergie kann die Zukunft unserer Energieversorgung also auch nicht liegen. Wo dann? In der Sonne!

2.2 Die Sonne als Energiequelle

Im Zentrum der Sonne läuft bei etwa 15–20 Millionen Grad ein Kernfusionsprozeß ab. Dabei entsteht Strahlungsenergie, die Sonnenenergie. 175 Milliarden Megawatt davon werden in Richtung Erde abgestrahlt. Hier treffen pro Quadratmeter 1,39 kW auf (Solarkonstante).

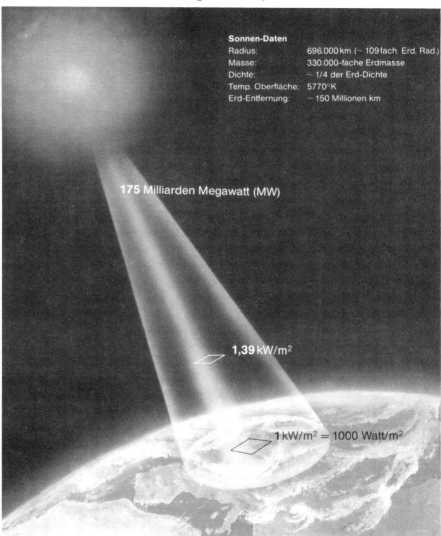

Sonnen-Daten
Radius:	696.000 km (~ 109 fach. Erd. Rad.)
Masse:	330.000-fache Erdmasse
Dichte:	~ 1/4 der Erd-Dichte
Temp. Oberfläche:	5770°K
Erd-Entfernung:	~ 150 Millionen km

175 Milliarden Megawatt (MW)

1,39 kW/m²

1 kW/m² = 1000 Watt/m²

Sonnenenergie

Ein Teil davon wird durch die Atmosphäre reflektiert und wieder abgestrahlt. Bei senkrechtem Einfall und wolkenlosem Himmel kommen etwa 1000 Watt auf dem Quadratmeter Erdoberfläche an. Je nach Umweltbedingungen und Technologie können davon etwa 10–80 Prozent genützt werden, also etwa 100–800 Watt pro m². Im Jahr haben wir bei unseren Breitengraden und unserem Klima in der Bundesrepublik eine Einstrahlung von etwa 1000–1100 kWh/m².

Wollte man die gesamte Energie, die derzeit in der Bundesrepublik verbraucht wird, durch Sonnenenergie erzeugen, so müßten etwa 5% der Fläche der BRD mit Sonnenkollektoren und Solarzellen versehen werden. Das bringt viele zu der Einschätzung, daß auch die Sonne unsere Energieprobleme nicht lösen kann.

Erstens haben wir aber bereits riesige Flächen, die wir ziemlich problemlos nützen können, vor allem unsere Hausdächer, zweitens kann Sonnenenergie in Ländern mit im Vergleich zur BRD doppelter Sonneneinstrahlung (z.B. Wüstenzonen in Nordafrika) gewonnen und transportiert werden (Wasserstofftechnik) und drittens sollte die Sonnenenergie nur Teil eines Energiekonzeptes sein, das als weitere wichtige Bestandteile Energie aus Wind, Biomasse usw. und nicht zuletzt die Energieeinsparung aufweist. Auf die Möglichkeiten, Energie ohne Komforteinbuße zu sparen, gehen wir am Schluß dieses Abschnitts ein.
Betrachten wir nun unseren Energieverbrauch und das Angebot der Sonne genauer.

Zuerst möchten wir unterscheiden, in

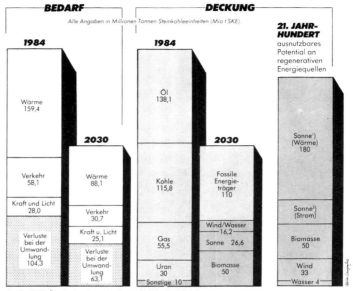

Die Grafik zeigt auch deutlich die Reduzierung des Energiebedarfs zwischen 1984 und 2030. Diese Einsparung ist ohne Komfortverlust und Wohlstandseinbußen zu realisieren. Der verbleibende Energiebedarf kann noch im 21. Jahrhundert vollständig aus regenerativen Energiequellen gedeckt werden. Dies auch dann, wenn der Energieverbrauch wieder steigen sollte.

Quelle: RWE, Öko-Institut, Deutsches Institut für Wirtschaftsforschung.

¹) Bei Nutzung von 2% der Gesamtfläche der Bundesrepublik zur Installation von Sonnenkollektoren (zum Vergleich: 6% der Bundesrepublik ist Verkehrsfläche, weitere 6% Siedlungsfläche, darin enthalten sind 1,3% projektierte Dachflächen).
²) Bei der Nutzung von 1% der Gesamtfläche der Bundesrepublik zur Installation von Solarzellen.

Der Energiebedarf und seine Deckung

welchen Formen wir Energie verbrauchen. Wir benötigen Energie hauptsächlich dazu, um Wärme, Kraft oder Strom zu erzeugen. Mit dem Strom produzieren wir wieder Wärme, Kraft, aber auch Licht oder setzen chemische Prozesse in Gang.

Wärme benützen wir zur Hausheizung, Warmwasserbereitung, für Schwimmbäder, für chemische Prozesse usw. Kraft verbrauchen wir hauptsächlich im Straßenverkehr und in der Industrie. Der Energieanteil, der nicht für Wärme oder Kraft benützt wird, ist gering.

Tatsächlich verbrauchen wir sehr viel

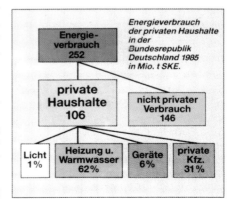

mehr an eingesetzter Energie (Primärenergie), als wir uns tatsächlich zu Nutze machen (Endenergie), da ein sehr hoher Anteil bei der Umwandlung, Speicherung usw. verloren geht.

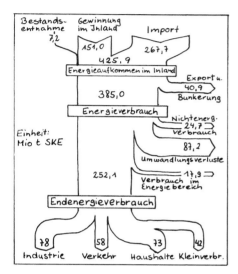

Energieflußbild der BRD   Datenquelle: RWE

Vom gesamten Energieeinsatz kommen etwa 45% beim Verbraucher an. Davon geht noch einmal mehr als die Hälfte verloren (z. B. Wärme bei Lampen oder Motoren usw.)

Es gibt verschiedene Möglichkeiten, das Energieangebot der Sonne zu nutzen. Die Sonne wirkt nicht nur direkt in Form von Sonneneinstrahlung, sondern auch indirekt, in Form von Wind, Wasserkraft, Biomasse usw. Abgesehen von den Gezeitenkraftwerken, die von der Anziehung des Mondes gespeist werden, stammen alle regenerativen Energiequellen letztlich von der Sonne.

Nun haben sich in den letzten Jahren und Jahrzehnten verschiedene Techniken herausgebildet, die besonders ökonomisch mittels bestimmter Formen der Solarenergie bestimmte Teile des Energiebedarfes decken können.

Für Niedertemperaturwärme bis 60°C (wenn nötig bis 80°C), die den mit Abstand größten Teil des Energiebedarfs in Form von Wärme ausmacht (Warmwasser, Hausheizung usw.) sind Sonnenkollektoren, in denen die Sonnenenergie direkt an ein Wärmemedium (Wasser, andere Flüssigkeiten, Luft) übertragen wird, hervorragend geeignet. Diese Kollektoren haben einen recht hohen Wirkungsgrad von zum Teil über 50%. Solche Kollektoren beschreiben wir in diesem Buch.

Hohe Temperaturen erreichen Sonnenkollektoren oder -kraftwerke, die mittels Spiegeln die Sonnenenergie bündeln. Auch Strom kann man mit Sonnenenergie herstellen. Techniken dafür sind die Fotovoltaik, Aufwindkraftwerke oder indirekte Sonnenenergienutzung wie Windkraftwerke, Wasserkraftwerke usw.

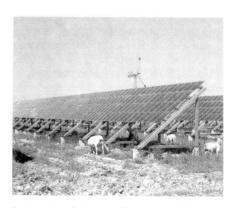

Solaranlage Pellworm (Nordseeinsel)

Die Fotovoltaik, d. h. die Umwandlung von Sonneneinstrahlung in Strom mittels Silizium-Solarzellen, beschreiben wir in Kapitel 11, ebenso die Windenergie, da es hier einige Möglichkeiten für Heimwerker und Handwerker gibt. Die Fotovoltaik ist leider noch relativ teuer. Ihr Wirkungsgrad liegt bei maximal 15%.

Das Hauptproblem bei der Energieversorgung durch das Angebot der Sonne ist bisher die Energiespeicherung. Der Bedarf an Energie, vor allem in Form von Wärme, fällt im Sommer und steigt im Winter, das Angebot der Sonne verhält sich in unseren Breitengraden genau umgekehrt. Und sehr viel Energie verbrauchen wir mobil, im Verkehr.

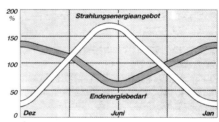

Energieangebot der Sonne und Energiebedarf sind gegenläufig

Die Solar-Wasserstoff-Technik verspricht, genau dieses Problem zu lösen. Mit (solar produziertem) Strom kann man über die Wasserstoff- Elektrolyse Wasser aufspalten in Sauerstoff und Wasserstoff. Bei der Verbrennung von Wasserstoff entsteht Wasser und Energie wird frei. Wasserstoff kann wie andere brennbare Gase einfach und leicht transportiert werden und ist auch nicht gefährlicher als derzeit genützte Gase.

Beim Einsatz des Wasserstoffes in Gasmotoren, Heizgeräten usw. entstehen aber keine Giftstoffe, sondern (fast ausschließlich) Wasser.

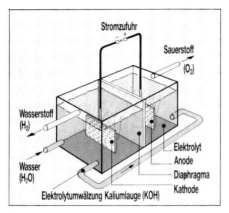

Funktionsschema der
Wasserstoff-Elektrolyse

Mit der Solar-Wasserstoff-Technik können wir also relativ problemlos die Sommersonne für den Winter speichern oder Sonnenenergie dort gewinnen, wo das ganze Jahr über die Sonne scheint.

Nehmen wir noch Sonnenenergie in Form von Biomasse dazu, so wird deutlich, daß wir unsere Energieprobleme tatsächlich langfristig durch die Sonne lösen können, wenn wir dies wollen.

Dr. Ludwig Bölkow weist aber eindringlich darauf hin, daß es etwa 50 Jahre dauern wird, bis die Solar-Wasserstoff-Technik den Stellenwert hat, den sie haben kann, wenn wir jetzt damit beginnen, sie mit Hochdruck zu entwickeln. Ein wichtiger Schritt ist hier zum Beispiel das Solar-Wasserstoff-Projekt Neunburg vorm Wald (Oberpfalz).

Ähnlich verhält es sich mit anderen Techniken. Wir müssen sie sofort entwickeln und nützen, um die „Energie-Wende" noch rechtzeitig einzuleiten. Auch jeder einzelne sollte sofort seine Möglichkeiten der Sonnenenergienutzung wahrnehmen, um unsere wertvollen Rohstoffe nicht weiter zu verschleudern und unsere Umwelt so weit wie möglich zu erhalten.

Zum Thema Energieeinsparung: das Bundesbauministerium hat darauf hingewiesen, daß bei den existierenden Mehrfamilienhäusern für die Raumheizung etwa 22 Liter Heizöl pro Quadratmeter Wohnfläche und Jahr verbraucht werden. In moderneren Gebäuden, die nach den heute geltenden Vorschriften errichtet sind, erreicht der Verbrauch 12 bis 18 Liter. In Versuchshäusern, die nach neuesten Erkenntnissen ausgestattet sind, liegt der Verbrauch bei nur 6 bis 9 Liter.

Die Wärmedämmung des Hauses ist noch immer die Technik, die bei geringstem Aufwand die höchste Energieeinsparung ermöglicht. Auch der Leser dieses Buches sollte sich überlegen, ob sein Haus oder seine Wohnung optimal gegen Wärmeverlust durch Wände, Fenster, Decke, Dach usw. geschützt ist. Sollte dies nicht der Fall sein, wäre es sinnvoller, erst hier zu investieren und erst dann an eine Solaranlage zur Warmwasserbereitung zu denken.

Alte Heizungsanlagen haben oft einen sehr niedrigen Wirkungsgrad. Auch ein neuer Ölkessel kann unter Umständen sehr viel zur Schonung der Umwelt (und des Geldbeutels) beitragen.

Viele Elektrogeräte im Haushalt sind Stromverschwender höchsten Grades.

Und Strom ist unsere wertvollste Energieform. Geschirrspüler und Waschmaschine sollten an die Warmwasserversorgung angeschlossen werden, schlecht isolierte Gefriertruhen und Kühlschränke nach und nach gegen Energiespargeräte ausgetauscht werden und Energiesparlampen können zum Teil normale Glühbirnen ersetzen.

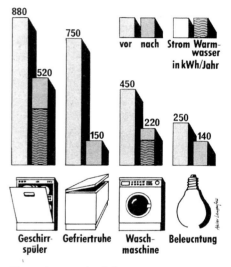

Stromeinsparpotentiale
bei Haushaltsgeräten

2.3 Das Energieangebot der Sonne im Detail

Nun aber noch etwas genauer zum Energieangebot der Sonne.

Die Sonneneinstrahlung hängt neben dem Tag-Nacht-Rhytmus und den Jahreszeiten stark vom Klima ab. Man unterscheidet die direkte Sonneneinstrahlung bei klarem, wolkenlosem Himmel und die diffuse Strahlung, die durch

Streuung des Sonnenlichts an Wolken oder Verunreinigungen der Luft entsteht. Diese beiden Strahlungen addieren sich zur Globalstrahlung.

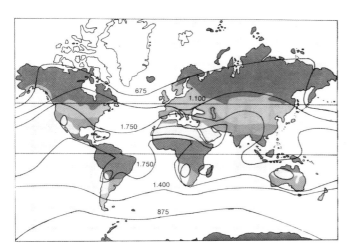

Mittlere jährliche Einstrahlung der Sonne auf einen Quadratmeter horizontale Fläche in Kilowattstunden (kWh/m²a). Die Linien beziehen sich auf Orte gleicher jährlicher Sonneneinstrahlung pro m².

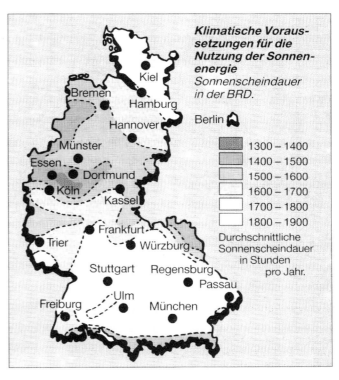

Klimatische Voraussetzungen für die Nutzung der Sonnenenergie
Sonnenscheindauer in der BRD.

	1300 – 1400
	1400 – 1500
	1500 – 1600
	1600 – 1700
	1700 – 1800
	1800 – 1900

Durchschnittliche Sonnenscheindauer in Stunden pro Jahr.

An klaren Tagen beträgt im Durchschnitt in Deutschland der Anteil der direkten Sonneneinstrahlung etwa 70%, der Anteil der diffusen Strahlung etwa 30%. An sehr trüben Tagen werden nur 50 - 100 Watt/m² eingestrahlt, an klaren Tagen sind es bis zu 1000 Watt/m².

Diese Werte beziehen sich auf eine Fläche senkrecht zur Sonne. Ist die Fläche nicht senkrecht zur Sonne, sind die Werte niedriger. Bei horizontalen Flächen beträgt die Einstrahlung maximal 900 W/m². Sonnenkollektoren sollten natürlich so angebracht werden, daß sie möglichst viel Einstrahlung erhalten.

Welche Neigung optimal ist, läßt sich nicht so einfach sagen. Im Juni wäre eine Neigung von 5° bis 10° ideal, im Dezember sollten es etwa 70° sein. Je nach Nutzungsdauer und angestrebtem Nutzungsgrad müsste hier ein Kompromiß gefunden werden. Wird die Anlage hauptsächlich im Sommer genutzt, ist eine relativ flache Anbringung günstig. Soll sie auch im Winter eine gute Leistung bringen, muß sie in einem relativ steilen Winkel montiert sein.

Eine Abweichung von Süden (Azimutwinkel) wirkt sich umso geringer aus, je flacher der Kollektor montiert ist.

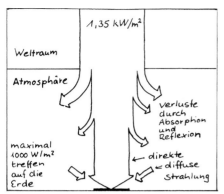

Weg der Sonnenstrahlung durch die Atmosphäre

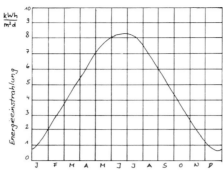

Mittlere monatliche Tagessummen der Globalstrahlung auf waagerechte Flächen in kWh/m²d aus langjährigen Messungen von 16 deutschen Wetterstationen.
Quelle: Ladener 1986, S. 44

Im Normalfall ist die Kollektorausrichtung durch die Dachfläche vorgegeben. Die Erfahrungen zeigen, daß eine Neigung von 25° bis 60° akzeptabel sind und daß eine Abweichung von 20° von der Südachse nach Osten oder Westen praktisch nicht ins Gewicht fällt. Ist die Neigung gering (ca. 30°), so kann die Abweichung von Süden sogar 45° betragen, ohne sich stärker bemerkbar zu machen.

Sind die Abweichungen größer, so kann die geringere Sonneneinstrahlung durch eine größere Kollektorfläche ausgeglichen werden. Ein Kollektor mit einer Neigung von 45° bzw. 30° und einer Ausrichtung genau nach Osten oder Westen (von der Dachausrichtung her der ungünstigste Fall) bringt immer noch durchschnittlich 75% bzw. 78% der Leistung eines ideal angebrachten Kollektors. Die Kollektorfläche muß also nur um maximal ein Drittel erhöht werden, um dieselbe Leistung zu erzielen. Die Berechnung der Kollektorfläche je nach Neigungsgrad und Azimutwinkel besprechen wir in Kapitel 4.

3. Grundlagen der Sonnenkollektortechnik zur Warmwasserbereitung

3.1 Aufbau und Funktion

Die Funktion einer Solaranlage zur Warmwasserbereitung ist im Prinzip sehr einfach. Anhand der Abbildung auf Seite 9 läßt sie sich leicht verstehen.

Der Kollektor (1), meist auf dem Dach montiert, nimmt Sonnenenergie auf. Eine Wärmeträgerflüssigkeit, auch Arbeitsmedium genannt, überträgt die Energie (Wärme) mittels Wärmetauscher an das Brauchwasser in einem Speicher (2), der meist im Heizungsraum montiert ist.

Das Prinzip ist also wirklich sehr einfach. Der „Teufel" steckt aber wie immer im Detail. Das Prinzip einer Zentralheizung ist schließlich ähnlich (nur umgekehrt) und man weiß, daß es nicht so einfach ist, eine sichere und gut funktionierende Heizungsanlage zu bauen.

Betrachten wir nun Aufbau und Funktion der Anlage genauer und machen wir uns hierbei auch mit einigen Fachausdrücken vertraut.

Der Kollektor mit dem Absorber ist, wie gesagt, meist auf dem Dach angebracht. Der Absorber ist der schwarze oder selektiv beschichtete Teil des Kollektors, der die Sonnenstrahlung aufnimmt, in Wärme umwandelt und an das Arbeitsmedium weitergibt. Damit die Wärme nicht wieder an die Umgebung verlorengeht, ist der Kollektor meist isoliert und ein- oder zweifach mit hochlichtdurchlässigem Material (Glas

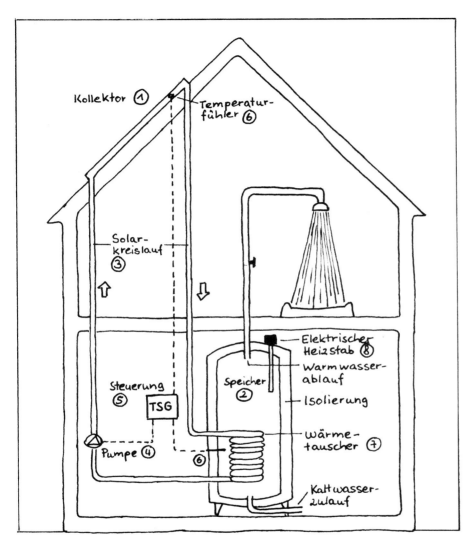

Funktionsschema einer Solaranlage zur Warmwasserbereitung

oder Kunststoff) abgedeckt. Die selektive Beschichtung ist eine Schicht, die mit besonderem Verfahren auf den Absorber aufgebracht wird und die Sonnenstrahlen besonders gut absorbiert, die Rückstrahlung und damit Wärmeverluste aber verhindert.

Das Arbeitsmedium ist in unserem Falle eine Flüssigkeit (es gibt auch Luftkollektoren). Meist handelt es sich um ein Gemisch aus Wasser und Frostschutzmittel. Dieses Arbeitsmedium dient zum Transport der gewonnenen Energie (Wärme) vom Kollektor an den Speicher durch den Solarkreislauf (3).

Mit manchen Anlagen (Thermosyphon-System) wird das Arbeitsmedium durch Schwerkraft umgewälzt. Dazu muß der Speicher höher stehen als der Kollektor. Wird das Arbeitsmedium im Kollektor erwärmt, so verringert sich seine Dichte, es ist leichter als das kältere Medium im Speicher, steigt über die Solarkreislauf-Leitung auf und kaltes Wasser sinkt in den Kollektor nach. Diese Methode zeigt aber meist eine wesentlich geringere Leistung als Anlagen mit Pumpenumwälzung.

Im Normalfall wird in den Solarkreislauf eine Umwälzpumpe (4) installiert. Ein Temperaturdifferenzsteuergerät (5) vergleicht über zwei Thermofühler (6) die Temperatur im Sonnenkollektor und im Speicher und setzt die Umwälzpumpe in Betrieb, wenn die Temperatur im Kollektor um einige Grad höher ist als im Speicher. Ist sie gleich oder niedriger, wird die Pumpe wieder ausgeschaltet.

Ein Wärmetauscher (7), meist im Speicher, überträgt die Energie vom Solarmedium auf das Brauchwasser. Wärmetauscher sind Geräte, die Wärme zwischen Flüssigkeiten und/oder Gasen übertragen, ohne daß diese in direkten Kontakt zueinander geraten. Autokühler oder Heizkörper sind Beispiele für Wärmetauscher. Bei Solaranlagen werden meist röhrenförmige Wärmetauscher aus Metall verwendet, bei denen die Oberfläche durch Rippen vergrößert wird, um den Wärmeübergang zu verbessern.

Wenn die Energie, die vom Kollektor kommt, nicht ausreicht, die gewünschte Brauchwassertemperatur zu erreichen, muß nachgeheizt (8) werden. Es gibt verschiedene Systeme der Nachheizung, je nachdem, welche Energieform (Strom, Öl, Gas ...) zur Verfügung steht. Diese Systeme werden in Abschnitt 4.2 genauer beschrieben.

Anlage mit Wärmetauscher zur Erwärmung eines Schwimmbeckens

3.2 Vergleich verschiedener Systeme

Solaranlagen zur Warmwasserbereitung unterscheiden sich heute im wesentlichen in zwei Punkten: im Kollektor mit Absorber und darin, ob es sich um einen geschlossenen oder offenen Solarkreislauf handelt.

Wir werden die vier gängigen Anlagentypen erst kurz vorstellen und dann detailliert mit ihren Vor- und Nachteilen beschreiben.

1. Selbstbau-Rippenrohrkollektor mit Absorber aus Kunststoff (Polypropylen-Rippenrohr) und Abdeckung mit Folie (Hostaphan) und Kunststoffplatten (Palram, Polycarbonat oder Plexiglas). Offenes System. Vor allem für den Selbstbau geeignet (die Installation sollte aber vom Fachmann erfolgen).

2. Selbstbau-Kollektoren mit Metallab-

sorbern und Glasabdeckung. Die Absorber bestehen in der Regel aus Kupfer oder aus einer Kupfer- Aluminium-Kombination und sind schwarz lackiert oder selektiv beschichtet. Geschlossenes System. Vor allem Selbstbau, aber auch Kollektormontage durch bestimmte Firmen.

3. Industriekollektor mit Metallabsorbern und Glas- oder Kunststoffabdeckung. Die Absorber bestehen aus Kupfer, Aluminium, Stahl, Edelstahl oder Kombinationen dieser Materialien. Sie sind schwarz lackiert oder selektiv beschichtet. Geschlossenes System.

4. Vakuum-Kollektoren: V.-Flachkollektor (mittels Vakuum-Pumpe auf Unterdruck gesetzt) oder V.-Röhrenkollektor (Glasröhre, in der als Absorber ein Me-

tallrohr verläuft). Im Kollektor herrscht nahezu Vakuum um die Wärmeabgabe möglichst stark zu reduzieren. Geschlossenes System.

Die Leistung dieser vier Systeme ist im Sommer etwa gleich, im Winter dagegen sticht der Vakuum-Röhrenkollektor hervor. Da er sehr wenig Wärme durch Abstrahlung verliert, ist seine Leistung im Winter sehr viel höher als die der anderen Arten. Sein Preis ist allerdings auch sehr hoch. Kostet der Rippenrohrkollektor noch etwa 150 DM/m², der Selbstbau-Metallkollektor 250–400 und der Industrie-Kollektor 450–800 DM/m², so kommt der Quadratmeter Vakuumkollektor auf über 1000 DM.

Nun aber zu den einzelnen Systemen:

3.2.1 Der Rippenrohr-Kollektor

Der Polypropylen-Rippenrohrkollektor ist bisher nur in Bayern gebräuchlich. Hier existieren über 200 Anlagen. Entwickelt wurde dieser Typ von Dr. Schulz von der Bayerischen Landesanstalt für Landtechnik der TU München.

Der Absorber besteht aus Kunststoff – genauer gesagt aus Polypropylen-Rippenrohr 25/20. Kunststoff als Arbeitsmaterial für Absorber hat drei Nachteile, die allerdings zum Teil ausgeglichen werden können:

Erstens ist Kunststoff weniger wärmeleitfähig als Metall. Da die Rippenrohre jedoch relativ dünnwandig (0,5–0,6 mm) sind, wirkt sich die geringere Wärmeleitung wenig aus. Als Ausgleich fungieren auch die Rippen, welche die Oberfläche des Rohres vergrößern und dadurch die Wärmeübertragung verbessern.

Zweitens altert Kunststoff. Die Rippenrohre bestehen aus dem Hoechst-Kunststoff Hostalen PPH 4122. Dieser Kunststoff ist hochwärmebeständig und altert deshalb auch relativ langsam. Gegen UV- Strahlung ist er durch Rußbeimischung stabilisiert. Die Kältebruchfestigkeit liegt bei –10°C. Im Winter treten zwar eventuell tiefere Temperaturen im Kollektor auf, diese wirken sich aber nicht negativ aus, da im geschlossenen Kollektor das Rippenrohr nicht auf Bruch beansprucht wird. Uns ist nicht bekannt, daß in den mehr als 10 Jahren, die die ältere Anlagen jetzt laufen, Probleme mit dem Rippenrohr auftraten.

Drittens kann Kunststoff (vorerst) nicht selektiv beschichtet werden. Dadurch ist die Leistungsfähigkeit im Winter begrenzt. Durch doppelte Abdeckung des Kollektorkastens kann dieser Mangel wieder zu einem Teil aufgehoben werden.

Kunststoff hat jedoch auch bedeutende Vorteile:

Erstens ist er sehr leicht zu verarbeiten. Schweißen oder löten ist nicht erforderlich. Die Rippenrohre werden mit einem sehr einfachen Stecksystem verbunden. Für Selbstbau ist das Rippenrohr also ideal. Da bis zu 150 m Rohr im Stück verlegt werden können, sind sehr wenige Anschlüsse nötig.

Zweitens ist Kunststoff gegenüber Metall sehr preiswert.

Drittens benötigen Kunststoffteile zur Produktion relativ wenig Energie. Absorber aus Aluminium müssen im Vergleich dazu einige Jahre laufen, um die Energie, die zu ihrer Herstellung nötig war, wieder zu erbringen. Aus ökologischer Sicht ein wichtiger Punkt.

Viertens ist Polypropylen beständig gegen Frostschutzmittel.

Der Kollektorkasten wird beim Rippenrohrsystem aus Holz gebaut. Holz ist billig, läßt sich gut verarbeiten, isoliert gut und läßt Feuchtigkeit diffundieren. Dadurch bildet sich in ihm kaum Kon-

Bau eines Polypropylen-Rippenrohrkollektors

So sehen die Kunstoffrippenrohre im Holzkasten aus

densat, da Feuchtigkeit, dringt sie einmal ein, wieder nach außen gelangen kann.

Der Rippenrohrkollektor wird, da der Absorber nicht selektiv beschichtet ist, doppelt abgedeckt. Die untere Schicht besteht aus Hostaphan-Folie. Die technische Bezeichnung dieser Folie ist PETP Polyester Folie BN 180. Sie ist sehr temperaturbeständig (Schmelzpunkt 200 Grad Celsius), hoch lichtdurchlässig (90%), trübt sich so gut wie nicht ein (weniger als 2%) und ist sehr verformungsstabil. Als obere Abdeckung werden meist Kunststoffplatten gewählt. Auch Glas ist möglich. Zu den Vor- und Nachteilen der verschiedenen Systeme siehe weiter unten.

Der PP-Rippenrohrkollektor bedingt ein offenes System, da die Kunststoffrohre wenig Druck vertragen. Dadurch entsteht ein gewisser Nachteil. Das Druckausgleichsgefäß, in diesem Fall auch Ausdehnungsgefäß (ADG) genannt, muß höher liegen als der Kollektor. Meist gelingt es, das ADG in den Dachboden zu integrieren. Ist das nicht möglich, so kann man es durch eine Art „Kamin" auf dem Dach „tarnen", so daß es keine optische Beeinträchtigung bedeutet.

Die Leistung des Polypropylen-Serpentinenkollektors steht der anderer Systeme im Sommer etwa gleich. Auch im Ganzjahresbetrieb kann er nach eigenen Messungen mit verschiedenen Industriekollektoren mithalten. Eine etwas geringere Leistung kann auch durch eine größere Kollektorfläche ausgeglichen werden. Dem Vakuum-Röhrenkollektor ist er in der Übergangszeit und im Winter natürlich unterlegen, kostet aber auch nur etwas mehr als ein Zehntel. Genaueres zur Leistung wird im Abschnitt 3.3 beschrieben.

3.2.2 Der Selbstbau-Metallabsorber-Kollektor

Der Absorber besteht hier meist aus Kupfer oder einer Kupfer- Aluminium-Kombination.

Wir wollen hier zwei exemplarische Systeme vorstellen:

Der Sunstrip-Absorber, der in der BRD von der Firma Wagner vertrieben wird, wird industriell in einem roll-bond-Verfahren hergestellt. Er besteht aus einem Streifen von Aluminiumblech, in das ein Kupferrohr eingepresst wird. Für das Blech wird Aluminium gewählt, da es im Vergleich zu Kupfer billiger ist (obwohl bei der Herstellung viel Energie verbraucht wird). Für das Rohr, in dem das Arbeitsmedium fließt, empfiehlt sich dagegen Kupfer, da dieses Material eine sehr hohe Wärmeleitfähigkeit besitzt und die Gefahr von Korrosion (Lochfraß) sehr hoch wäre, wenn ein Alumini-

Sunstrip-Absorber aus selektiv beschichteten Aluminiumstreifen mit eingewalztem Kupferrohr

Solarflex-Absorber aus selektiv beschichteten Kupferblechstreifen . So könnte auch ein Selbstbau-Kupferabsorber aussehen.

umrohr mit der Kupferleitung des Solarkreislaufes kombiniert würde.

Der Sunstrip-Absorber ist selektiv beschichtet. Das erlaubt eine einfache Kollektorabdeckung, die in der Regel aus Glas gefertigt wird. Aber auch Kunststoff ist möglich (siehe Abdeckung).

Die Leistung des Sunstrip-Kollektors wurde beim TÜV-Test (vgl. 3.3) gemessen. Er konnte mit den meisten Industrieanlagen mithalten und war beim Preis- / Leistungsverhältnis einsame Spitze (der noch günstigere Rippenrohrkollektor wurde beim TÜV-Test leider nicht erfaßt).

Das zweite exemplarische System ist der Ganz-Kupfer-Kollektor, der u.a. von den Firmen Pfenning, Weiße und Solvis vertrieben wird (siehe Bezugsquellen). Hier ist ein Kupferrohr mit zwei hochselektiv beschichteten Kupferblechstreifen umpreßt. Vorteil dieses Absorbers ist der homogene Kupfer-Körper, der eine lange Lebensdauer erwarten läßt (keine Korrosionsprobleme) und eine sehr gute Wärmeleitfähigkeit aufweist. Er ist außerdem gut zu verarbeiten. Die Paneele können leicht gekürzt oder verlängert werden und sind bei Beschädigungen einfach zu reparieren.

Auch dieser Absorber wird normalerweise mit Glas abgedeckt. Das Material für diesen Kollektor kostet ca. 260 DM (ohne MWSt.).

Meßergebnisse liegen noch nicht vor. Die Leistung dürfte mit der des Sunstrip-Kollektors vergleichbar sein.

Bei diesen beiden Systemen kann der Kollektor-Kreislauf unter Druck gesetzt werden. Der Druckausgleichsbehälter

kann also im Keller sein.

Diese Anlagen sind in der Übergangszeit und im Winter leistungsfähiger als der Rippenrohr-Kollektor. Die Materialien versprechen eine hohe Lebensdauer (allerdings können bei Kupfer- Aluminium-Absorbern Korrosionsprobleme auftreten). Die Kollektoren sind aber wesentlich teurer als das Rippenrohrsystem und der Selbstbau des Kollektors ist schwieriger, da gelötet werden muß.

Abdeckung bei Selbstbaukollektoren

Die äußere Abdeckung sollte folgende Eigenschaften aufweisen:

- hohe Lichtdurchlässigkeit
- Langlebigkeit
- Witterungsbeständigkeit
- leichte Montage
- günstiger Preis
- weitgehend hagelbeständig
- gute Wärmeisolation
- bei Schäden leicht auswechselbar.

Als Abdeckung werden bei Rippenrohrkollektoren meist Kunststoffplatten gewählt, bei Metallkollektoren meist Glas. Die Kunststoffplatten, die auch im Gartenbau („Glas"-Häuser) verwendet werden, haben den Vorteil, daß sie sehr leicht zu verarbeiten sind und mehr UV-Licht ausfiltern als Glas, was die Absorbermaterialien schont.

Hier gibt es allerdings zum Teil Probleme mit der Alterung. Sogenannte „Palram"-Lichtplatten aus PVC sind zwar recht preisgünstig (ca. 25 DM/m²), altern aber relativ rasch. Neu haben sie eine Lichtdurchlässigkeit von 86%, nach etwa 6–10 Jahren bräunen sie aber oft vor allem von Stellen her ein, wo sie direkt auf dunklem Untergrund

aufliegen und müssen ausgewechselt werden.

Polycarbonat-Platten sind zwar wesentlich teurer (ca. 40 DM/m²), versprechen aber längere Haltbarkeit. Sie sind bereits über 10 Jahre ohne Schäden im Einsatz. Sie haben eine Lichtdurchlässigkeit von 85% und eine Strahlungsdurchlässigkeit von ebenfalls 85%.

Darüber hinaus sind sie leichter zu verarbeiten, da sie weniger spröde sind und ziemlich hagelsicher. Dieses Material wird heute meist verwendet.

Plexiglas wäre auch geeignet, ist aber noch teurer als Polycarbonat.

Glas hat auch einige Vorteile. Es altert nicht und hat eine sehr hohe Lichtdurchlässigkeit (ca. 90%). Die Strahlungsdurchlässigkeit liegt bei 85%. Es wäre auch billiger als Kunststoffplatten, benötigt aber eine aufwendige Montage mit Befestigungsprofilen (meist Aluminium oder Gummi). Um bei Glas dieselbe Stabilität wie bei Kunststoffplatten zu erreichen, sollten die Scheiben mindestens 6 mm dick sein, wobei aber dann noch keine hohe Hagelbeständigkeit gegeben ist. Außerdem sind solche Glasplatten sehr schwer und schwierig sicher auf das Dach zu transportieren. Kunststoffplatten sind leicht zu transportieren, werden einfach festgeschraubt und sind deshalb auch für den Selbstbau sehr gut geeignet. Da sie so einfach zu montieren und auch relativ preiswert sind, ist es auch keine Katastrophe, sollten sie tatsächlich nach 15 oder 20 Jahren ausgewechselt werden müssen.

Unserer Meinung nach kann keine Abdeckungsart eindeutig favorisiert werden. Jeder muß für sich überlegen, welchen Punkten er den Vorrang gibt, wobei auch die Optik den Ausschlag geben kann.

3.2.3 Industriekollektoren

Industriekollektoren wollen wir hier nicht genauer beschreiben, da die Systeme sehr stark voneinander abweichen und das Preis/Leistungsverhältnis nur für den interessant ist, der sich den Kollektor nicht selbst bauen kann oder will.

Wer sich für einen Industriekollektor entscheiden möchte, der studiert am besten genau den TÜV-Test und läßt sich von verschiedenen Firmen Angebote geben. Die im TÜV-Test genannten Anlagenpreise sind vermutlich mit Vorsicht zu geniessen, da die Einbindung ins Heizungssystem nicht berücksichtigt wurde und die Leitungswege

nicht dem Normalfall entsprechen.

Generell ist zu sagen, daß Kollektoren mit selektiver Beschichtung leistungsfähiger sind als solche mit schwarzer Lackierung. Bei manchen Industriekollektoren treten Probleme mit Kondensat auf, das die Leistungsfähigkeit stark herabsetzt. Ähnlich mancher Armbanduhr sind sie nur so dicht, daß zwar unter Umständen doch Dampf eindringt, er dann aber nicht mehr nach außen kann. Nach Möglichkeit sehen Sie sich einige Anlagen an, die schon einige Jahre in Betrieb sind.

3.2.4 Vakuumkollektoren

Vakuumkollektoren werden ebenfalls industriell hergestellt. Von der Leistungsfähigkeit her sind sie im Moment das „non plus ultra".

Bei Vakuum-Röhrenkollektoren ist ein selektiv beschichtetes Absorberrohr in ein Glasrohr eingeschmolzen, das fast luftleer gepumpt wird. Es wird nur sehr wenig Wärme an die Umgebung abgegeben, da Wärmeleitung, Konvektion und Wärmestrahlung ähnlich einer Thermosflasche sehr stark reduziert werden. Dadurch arbeiten Vakuumkollektoren auch im Winter mit sehr hohem Wirkungsgrad. Im Sommer ist die Leistung aber allenfalls geringfügig höher als die anderer Systeme.

Der Vakuum-Flachkollektor ist ähnlich einem Flachkollektor aufgebaut. Der Kasten ist allerdings sehr dicht und wird durch eine Pumpe annähernd luftleer gehalten.

Heliostar-Industriekollektor
(Firma thermosolar)

Glasröhren-Vakuum-
Kollektor   –>
Firma Stiebel Eltron

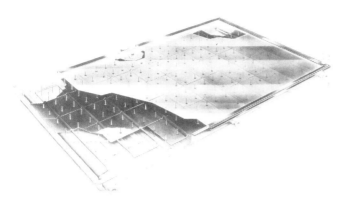

Vakuum-Flachkollektor (Firma thermosolar)

Da Vakuumkollektoren bisher leider noch sehr teuer sind, würden wir sie eher für die Raumheizung als für die Warmwasserbereitung empfehlen.

3.3 Was leisten Solaranlagen, wie wirtschaftlich sind sie?

Hauptargument für Solaranlagen ist die Umweltverträglichkeit. Dennoch ist natürlich sehr interessant, ob die Brauchwasserbereitung mittels Sonnenenergie auch wirtschaftlich vertretbar ist.

Inzwischen liegen zahlreiche Erkenntnisse vor, die belegen, daß Solaranlagen durchaus mit konventionellen Energiequellen konkurrieren können, ja oft sogar beträchtliche Kosteneinsparungen ermöglichen.

Die wichtigsten Faktoren, von denen die Wirtschaftlichkeit der Sonnenergienutzung beeinflußt wird, sind das Preis/Leistungsverhältnis des verwendeten Systems, die Dimensionierung der Anlage und natürlich die Kosten der ersetzten konventionellen Energieträger.

Bei den jetzigen Energiepreisen sind die meisten Industrie-Kollektoranlagen erst nach 20 Jahren und mehr amortisiert. Anders verhält es sich aber bei Selbstbau-Anlagen. Sie können sich in günstigen Fällen bereits in fünf Jahren bezahlt machen. Doch auch Industrieanlagen sind interessant, denn die Energiepreise werden kaum so niedrig bleiben, wie sie es heute sind.

Sehr interessante Daten zur Leistung von Solaranlagen liefert der TÜV-Test, den der TÜV Bayern 1986 im Auftrag des Bundesforschungsministeriums durchführte.

Die wichtigsten Zahlen: nimmt man eine Lebensdauer der Anlagen von 20 Jahren an, so kostet die Solarkilowattstunde bei der günstigsten getesteten Anlage 0,13 DM, bei der ungünstigsten 0,26 DM. Die Leistung lag zwischen 237 und 444 kWh pro Qudratmeter und Jahr. Die Höchstwerte werden allerdings nur von den sehr teuren Vakuum-Glasröhren-Kollektoren erreicht, bei sehr geringer Kollektorfläche und hohem Fremdenergieanteil. Daß Selbstbauanlagen in der Leistung zwar nicht

an der Spitze liegen, im Preis/Leistungsverhältnis aber besonders günstig sind, zeigt das Beispiel der Anlage, die von der Firma Wagner angeboten wird. Der Kollektor lieferte 294 KW/h pro m^2 und Jahr, die Investitionskosten pro Kilowattstunde bei 20 Jahren Lebensdauer liegen bei nur 0,13 DM.

Diese Investitionskosten decken sich nicht ganz mit den tatsächlichen Aufwendungen für die Solarenergie. Kaum ins Gewicht fällt die Energie, die von der Solarkreislauf-Pumpe verbraucht wird. Sie benötigt ca. 30 Watt. Der Kollektor produziert zwischen einem und vier Kilowatt.

Wichtiger ist, daß keine Arbeitskosten für die Installation eingerechnet sind und auch die Anbindung an das bisherige Warmwassersystem nicht einbezogen werden. Da die Anlagen so gut wie wartungsfrei sind, fallen für die Wartung keine Kosten an. Aber im Zeitraum von 20 Jahren müßte mit kleineren Reparaturen gerechnet werden. Schließlich fehlen noch die Kosten für den Kapitaldienst, denn das investierte Kapital kann schließlich nicht anderweitig genutzt werden.

Anlage Nr.[1] Hersteller		1 Wagner	3 Klöckner	4 Total	5 Schwei- zer[2]	6 Christeva	7 Milde- brath	8 Getra	9 Ziereis	10 Müller	11 Walo	12 Gefas[2]	13 Solar Diamant	14 Solar Fit
Kollektorfläche	m^2	8,2	4,8	6,5	6,0	7,5	9,0	6,0	5,5	7,3	7,0	9,2	7,0	6,4
Gesamtpreis ohne Montage	DM	6100	11800	9330	–	9720	9110	8910	7000	8810	9069	11500	7210	9960
Systempreis/m^2	DM	744	2329	1435	–	1296	1012	1485	1273	1207	1294	1250	1030	1556
Kollektorpreis/m^2	DM	305	1150	680	–	680	590	600	700	560	800	–	–	820
eingespeiste Solarwärme – pro m^2	kWh/a	294	444	345	365	299	237	371	255	339	287	238	289	365
– insgesamt	kWh/a	2412	2131	2245	2194	2242	2134	2229	1404	2473	2013	2187	2021	2338
Fremdenergie	kWh/a	1068	1349	1265	1546	1068	1236	1321	1686	927	1517	1433	1489	1152
Gesamtbedarf	kWh/a	3480	3480	3510	3740	3310	3370	3550	3090	3400	3530	3620	3510	3490
Speicherverlust[3]	kWh/a	670	670	700[4]	930	500	560	740	280	590	720	810	700[4]	680
Nutzwärme	kWh/a	2810	2810	2810	2810	2810	2810	2810	2810	2810	2810	2810	2810	2810
Fremdenergieanteil R an der Nutzwärme	%	38	48	54	55	38	44	47	60[5]	33	54	51	53	51
Kollektor-Jahreswirkungsgrad η		0,25	0,37	0,29	0,30	0,25	0,20	0,38	0,21	0,28	0,24	0,20	0,24	0,30
Konversionsfaktor η_0		0,82	0,64	0,78	0,76	0,70	0,66	0,71	0,74	0,76	0,78	0,67	0,76	0,83
Wirkungsgrad bei 30 K und 1000 W		0,72	0,57	0,64	–	0,59	0,54	0,60	–	0,64	0,60	–	–	0,72
Wärmeverlust bei 30 K	W/m^2 K	3,2	2,3	4,6	3,5	3,5	3,7	3,4	5,5	3,8	6,0	5,1	3,3	3,8
Stillstandstemperatur	K	164	172	132	–	152	134	144	145	–	–	–	158	176
Speicherverlust	W/K	2,0	2,2	2,4	2,4	1,9	2,3	2,3	2,1	1,9	2,1	2,7	2,3	2,0
Investitionskosten pro kWh Solarwärme bei 20 Jahren Lebensdauer	DM	0,13	0,26	0,21	–	0,22	0,21	0,20	0,25	0,18	0,22	0,26	0,18	0,21

Auswertung der Messungen und ermittelte Wirkungsgrade und Kosten der Solaranlagen aus dem Langzeittest des TÜV Bayern 1985/86 für den Warmwasserbedarf eines 4-Personen-Haushalts (200 l/d mit 45 °C). Der geforderte solare Deckungsgrad von 50 % ist von allen Pumpenanlagen in dieser Größenordnung erreicht, von drei Anlagen sogar wesentlich überschritten worden.

1) Die Schwerkraftanlagen 2 und 15 bis 18 mit 2 bis 4 m^2 Kollektorfläche waren nicht auf das Testziel ausgelegt, sondern dienten nur zu Vergleichszwecken
2) Diese Firma ist nicht Mitglied des Verbandes.
3) Die Speicherverluste wurden nicht gemessen, sondern aus dem R/H-Diagramm abgeleitet
4) Geschätzter Wert, da für diesen Speicher die Datenbasis nicht ausreichend war
5) Anlage 9 wurde mit Naturumlauf gemessen; die Umstellung auf Zwangsumlauf brachte eine Steigerung der Solargewinne von rd. 20 % und damit eine Senkung des Fremdenergieanteils R auf rd. 50 %

Die wichtigsten Ergebnisse des TÜV-Tests

Andererseits gibt es unter Umständen Zuschüsse oder Steuervergünstigungen, die eine Solaranlage im Vergleich zu konventioneller Energie lukrativer machen.

Leider wurde der Rippenrohrkollektor nicht in den TÜV-Test einbezogen. Es kann also nicht zuverlässig gesagt werden, wie er im Vergleich zu den anderen Anlagen abschneidet. Obwohl bisher bereits über 200 Rippenrohranlagen in Betrieb sind, wurden kaum Messungen durchgeführt.

Eigene Messungen an der 108 m²-Kollektoranlage der Jugendbildungsstätte ergaben im Jahr 1987 eine Jahresleistung von etwa 235 kWh/m². Für 1988 ist absehbar, daß die Leistung wesentlich höher ist. Eine Messung unter den Bedingungen des TÜV-Tests könnte höhere Werte erbringen, da diese Anlage im Gegensatz zum TÜV-Test nicht genau nach Süden ausgerichtet (20 Grad Abweichung), recht flach ist (nur 24 Grad statt 45 Grad) und die Wasserentnahme unregelmäßig war. Zudem war die Sonneneinstrahlung 1987 erheblich geringer als 1986.

Messungen an einer 80 m²-Rippenrohranlage in Zist bei Penzberg südlich von München ergaben für den Sommer 1985 (25.3.–9.10.) 21465 kWh und im Sommer 1986 (24.3.–12.9.) 26650 kWh. Dies sind in den jeweiligen Zeiträumen 268 bzw. 333 kWh/m² (diese Anlage ist auf einem sehr flachen Dach montiert und wird im Winter stillgelegt).

Es scheint, daß der Rippenrohrkollektor bei Kosten von etwa 120–150 DM/m² mehr leistet als manche Industriekollektoren für 600 DM und mehr.

Eine komplette 10 m²-Rippenrohranlage kommt auf etwa 5.000 DM (ohne Montage). Die Investitionskosten pro Kilowattstunde bei 20 Jahren Lebensdauer liegen hier bei 0,10 DM. Daß dieser Wert z. B. bei Großanlagen noch weit unterschritten werden kann, zeigt das Beispiel der 108 m²-Anlage der Jugendbildungsstätte Königsdorf. Sie lieferte im ersten Betriebsjahr 24.000 kWh. Die Investitionskosten lagen bei 28.942 DM incl. MWSt. Hier liegen die Investitionskosten gerade noch bei 6 Pfennigen pro Kilowattstunde. Ähnlich günstige Werte können auch bei einer Kleinanlage erreicht werden, wenn der alte Warmwasserspeicher benutzt werden kann, oder bei einem Neubau sowieso ein Speicher angeschafft werden müßte.

Von „teurer Sonnenenergie" kann also wirklich keine Rede mehr sein.

Neben dem Preis/Leistungsverhältnis des Systems ist die Dimensionierung der Anlage wichtig für die Wirtschaftlichkeit. Gemeinhin geht man davon aus, daß eine Anlage dann am wirtschaftlichsten ist, wenn sie etwa die Hälfte des Jahresenergieverbrauchs für Warmwasser liefert. Liefert sie mehr, so produziert sie im Sommer viel über-

Leistung der 108 m²-Rippenrohr-Anlage der Jugendbildungsstätte Königsdorf im Jahr 1988 (Okt. 87 – Sept. 88)

schüssige Energie. Unter dem Aspekt des Umweltschutzes kann es aber dennoch sinnvoll sein, die Anlage relativ groß zu bauen, um möglichst viel konventionelle Energie zu ersetzen. Die meisten Anlagen werden zur Zeit so dimensioniert, daß sie etwas mehr als die Hälfte des Jahresenergieverbrauchs decken.

Zum dritten Aspekt, den Preisen für herkömmliche Energie. Bei den oben genannten Kosten für Solarenergie wird deutlich, daß sie mit jeder Art von konventioneller Energie konkurrieren kann.

Besonders rentabel ist es, wenn mit der Solaranlage Strom ersetzt wird, da Strom die teuerste Art, ist Warmwasser zu bereiten. Leider wird durch die Stromtarife bisher das Energiesparen noch kaum unterstützt. Gäbe es keinen Grundpreis und keine Preisstaffelung und würden die Kosten der Stromproduktion und Stromverteilung gleichmäßig auf alle abgenommenen Kilowattstunden verteilt, so könnten wohl kaum Strompreise unter 0.50 DM/kWh zustandekommen. Im Vergleich dazu schneiden alle Solaranlagen zur Warmwasserbereitung gut ab. Aber auch bei den jetzigen Strompreisen hat sich eine Solaranlage nach wenigen Jahren amortisiert.

Auch Öl zu ersetzen, ist wirtschaftlich, da konventionelle Heizkessel im Sommer, wenn sie nur zur Warmwasserbereitung benutzt werden, einen sehr geringen Wirkungsgrad von 20 bis 40 Prozent aufweisen, mit einem Liter Heizöl demnach nur etwa 2,4 bis 4,8 Kilowattstunden Wärmeenergie erzeugt werden können (1 l Heizöl entspricht bei 100% Wirkungsgrad 11,9 kWh). Bei einem sehr niedrigen Ölpreis von 0,40 DM/Li-

ter kostet die Kilowattstunde Wärmeenergie im Sommer 9 bis 17 Pfennige, im Winter wegen des besseren Wirkungsgrades der Ölheizung etwa die Hälfte. Öl wird aber kaum auf lange Sicht derart billig bleiben, so daß die Rentabilität von Solaranlagen wieder ansteigen wird.

Gas durch Solaranlagen zu ersetzen, dürfte zur Zeit die Möglichkeit mit der geringsten Rentabilität sein, da auch Gas zur Zeit relativ billig ist und Gasanlagen zur Warmwasserbereitung meist einen hohen Wirkungsgrad haben.

Waldbesitzer, die mit Holz heizen, schätzen weniger die Geld- als die Arbeitsersparnis, da sie etwa das halbe Jahr gar nicht zuheizen müssen.

3.4 Baurechtliche Fragen

Noch bevor bei einem Solaranlagenprojekt in die Detailplanung eingestiegen wird, sollten die baurechtlichen Voraussetzungen geklärt werden, d. h. wie, wo und unter welchen Bedingungen überhaupt Solaranlagen montiert werden dürfen.

Da die Bauaufsicht Ländersache ist, gibt es auch von Bundesland zu Bundesland sehr verschiedene Regelungen. In den neuen Bundesländern auf dem Gebiet der ehemaligen DDR sind die Vorschriften derzeit (Stand November 1990) noch in Arbeit, weshalb wir hier noch keine Angaben machen können. Im Einzelnen:

Baden-Württemberg
Solaranlagen zur Brauchwassererwärmung für Ein- oder Zweifamilienhäuser sind im allgemeinen genehmigungsfrei. Problematisch kann es aber werden,

wenn örtliche Bauvorschriften eine bestimmte Dachdeckung oder -farbe vorschreiben, oder wenn bei Flachdächern Dachaufbauten verboten sind. In diesen Fällen ist eine Baugenehmigung nötig. Wenn die Anbringung der Kollektoren an der Fassade zu wesentlichen Änderungen führt, muß ebenfalls eine Baugenehmigung eingeholt werden. Ob eine Änderung wesentlich ist, hängt sehr davon ab, ob es sich um ein Gebäude in einem Gebiet mit künstlerischer, geschichtlicher oder städtebaulicher Bedeutung handelt.

Bayern
Seit 1982 sind Sonnenkollektoren in der Dachfläche, in Fassaden und auf Flachdächern nicht genehmigungspflichtig, es sei denn, das Gebäude ist denkmalgeschützt, steht unter Ensembleschutz oder es besteht eine Ortssatzung über die Gestaltung. In diesen Fällen ist eine Baugenehmigung nötig. Eine Genehmigung braucht man auch für freistehende Anlagen (außer sie sind „unbedeutende" Bauten) und für Anlagen auf der Dachfläche oder an der Fassade (nicht in die Fläche integriert).

Berlin
In Berlin unterliegen Solaranlagen dem Baugenehmigungsverfahren, das vom Bau- und Wohnungsaufsichtsamt des jeweiligen Bezirksamtes durchgeführt wird. Die bauaufsichtliche Prüfung erstreckt sich insbesondere auf die Standsicherheit, den Brandschutz, die Gestaltung und die sicherheitstechnische Ausrüstung.

Bremen
Solaranlagen bedürfen gem. § 87 Abs. 1 der Bremischen Landesbauordnung einer Baugenehmigung. Sie gehören

nicht zu den seit 1983 von der Baugenehmigungspflicht freigestellten Vorhaben.

Hamburg
Nach § 60 Abs. 1 der Hamburgischen Bauordnung vom 1. Juli 1986 ist die Errichtung von Solaranlagen baugenehmigungsbedürftig.

Hessen
Seit 20. Juli 1990 bedürfen Solaranlagen keiner Baugenehmigung (§ 89 Abs. 1 Nr. 11 der Hessischen Bauordnung), sofern sie nicht auf oder an Kulturdenkmälern, Teilen von denkmalgeschützten Gesamtanlagen oder Gebäuden errichtet werden, die von Gestaltungssatzungen der Gemeinden (§ 118 Abs. 1 Satz 1 Nr. 1 bis 3 HBO) erfaßt werden.

Niedersachsen
Nach der Niedersächsischen Bauordnung sind lediglich Sonnenheizungsanlagen mit Wasser oder nichtbrennbaren Wassergemischen als Wärmeträger, die für einen Betriebsdruck mit höchstens 2 bar bemessen sind, nicht baugenehmigungspflichtig. Sie müssen aber dennoch den Anforderungen des öffentlichen Baurechts entsprechen. Alle anderen Anlagen bedürfen der Genehmigung.

Nordrhein-Westfalen
In Nordrhein-Westfalen bedürfen Solaranlagen zur Warmwasserbereitung einer Genehmigung erst nach der Errichtung oder Änderung, jedoch vor der Benutzung (Benutzungsgenehmigung). Sie wird auf der Grundlage einer Bauzustandsbesichtigung erteilt. Die Benutzungsgenehmigung ist nicht erforderlich, wenn vor der Benutzung durch eine Bescheinigung eines Unternehmers oder eines Sachverständigen nachge-

wiesen wird, daß die Anlage den öffentlich-rechtlichen Vorschriften entspricht. Die Muster für die Bescheinigung sind verbindlich vorgeschrieben (Anlage zu Nr. 60.2 der Verwaltungsvorschrift zur Landesbauordnung (VV BauO NW)). Unabhängig davon bedarf die Änderung der äußeren Gestaltung einer baulichen Anlage durch den Einbau einer Solaranlage keiner Baugenehmigung.

Rheinland-Pfalz
Seit 28. 11. 1986 sind Sonnenkollektoren in der Dachfläche, in der Fassade oder auf Flachdächern genehmigungsfrei. Ausgenommen sind Kollektoren auf oder an Kulturdenkmälern.

Saarland
Nach § 57 der Neufassung der LBO normalerweise nicht genehmigungspflichtig. Entgegenstehen können das Verbot der Verunstaltung, Festsetzungen in Bebauungsplänen oder baurechtlichen Ortssatzungen sowie die allgemeine Sicherheit (Solaranlagen müssen standsicher sein, dürfen die Standsicherheit des Gebäudes nicht beeinträchtigen und müssen den Sicherheitsanforderungen an Heizungsanlagen gem. DIN 4751 entsprechen).

Schleswig-Holstein
Baugenehmigungspflicht. Sonnenkollektoren dürfen nicht im Grenzabstand zum Nachbarn (3 m) errichtet werden. Sie dürfen das Straßen- , Orts- oder Landschaftsbild nicht verunstalten oder deren beabsichtigte Gestaltung stören und müssen auf Kultur- und Naturdenkmäler und auf erhaltenswerte Eigenheiten ihrer Umgebung Rücksicht nehmen. Sofern eine Ortsgestaltungssatzung besteht, sind deren gestalterische Vorschriften zu beachten.

3.5 Förderungsmöglichkeiten

Die wichtigste Regelung ist, daß die Kosten für den Bau einer Solaranlage, der bis Ende 1991 erfolgt, nach § 82a der Einkommensteuer- Durchführungsverordnung steuerbegünstigt sind. Das heißt, daß 10 Jahre lang jeweils 10% der Baukosten von der Steuer abgesetzt werden können. Der Fiskus bezahlt also je nach Steuersatz bis über die Hälfte der Solaranlage.

Darüber hinaus gibt es in einzelnen Bundesländern weitere Zuschußmöglichkeiten (Stand November 1990).

Berlin
In den Richtlinien über die Förderung von Modernisierungs- und Instandsetzungsmaßnahmen von 1985 (Senator für Bau- und Wohnungswesen) ist folgendes festgelegt:

Im Programm für allgemeine Modernisierungsförderung werden für Solaranlagen Zuschüsse von 45% der förderungsfähigen Kosten gewährt. Bei Modernisierung durch Mieter oder Selbsthilfegruppen beträgt der Zuschuß 55% der förderungsfähigen Kosten. Der Antrag ist bei der Wohnungsbau-Kreditanstalt Berlin einzureichen.

Hamburg
In Hamburg werden Solaranlagen zur Brauchwassererwärmung unter bestimmten (technisch sehr sinnvollen) Bedingungen mit einem Festbetrag von 5000 DM gefördert. Dieser Betrag reduziert sich um 1000 DM, wenn der Warmwasserspeicher bereits vorhanden ist und er ist niedriger, wenn die Kosten der Anlage weniger als 5000 DM betragen. Der Antrag muß vor der Auftragsvergabe gestellt werden an die Umwelt-

behörde – A 43, Alter Steinweg 4, 2000 Hamburg 11.

Hessen

Hessen gewährt 25% Zuschuß zu den Baukosten bei Eigenheimen und ein Darlehen von 85% der Kosten bei Mietobjekten (1% Zins, 2% Tilgung, 0,5% VKB).

Nordrhein-Westfalen

In Nordrhein-Westfalen gibt es einen Zuschuß von 40% der Kosten beim Bau von Solaranlagen sowohl für Hausbesitzer als auch für Mieter (Richtlinien über die Gewährung von Zuwendungen zur Modernisierung von Wohnraum (ModR 1986)). Die Baukosten müssen mindestens 2500 DM betragen, Selbsthilfe ist bis zu 60% anrechenbar. Antragsmuster gibt es bei den Kreisen und kreisfreien Städten.

Rheinland-Pfalz

In Rheinland-Pfalz werden "richtungsweisende Pilot- und Demonstrationsprojekte zur Nutzung regenerativer Energiequellen" unter bestimmten Bedingungen mit bis zu 40% der förderungsfähigen Kosten bezuschußt. Informationen beim Ministerium für Wirtschaft und Verkehr, Kaiser-Friedrich-Straße 1, 6500 Mainz, Tel. 06131/160.

Saarland

Seit Ende 1989 existiert ein "Markteinführungsprogramm für erneuerbare Energien". Der Fördersatz beträgt 50% der zuwendungsfähigen Aufwendungen für eine Solaranlage. Informationen beim Wirtschaftsministerium, Hardenbergstraße 8, 6600 Saarbrücken, Tel. 0681/5011

Schleswig-Holstein

Die Wohnungsbaukreditanstalt des Landes Schleswig-Holstein gewährt ein Darlehen bis zu 100% der Kosten (3% Zins, 3% Tilgung, Auszahlung 98%) zur Modernisierung von Wohngebäuden, zu der die Verbesserung der Energieversorgung und damit auch der Bau von Solaranlagen gehört.

In den anderen Bundesländern gibt es nach unserer Information keine Regelförderung. Für besondere Anlagen wie Pilotprojekte, Anlagen, die wissenschaftliche Erkenntnisse erwarten lassen, usw. sind aber im Einzelfall dennoch Förderungen möglich. Hier sollte man bei den entsprechenden Ministerien nachfragen.

Umfassend informiert über Energie-Förderprogramme die "Förderfibel Energie", herausgegeben vom Forum für Zukunftsenergien e.V. und dem Fachinformationszentrum Karlsruhe, Köln 1990, ISBN 3–87156–128–2 (Deutscher Wirtschaftsdienst, DM 29,80)

4. Planung der Anlage

4.1 Planung des Kollektors

4.1.1 Dimensionierung

Die richtige Dimensionierung des Sonnenkollektors und der dazu benötigten Leitungen, Pumpe, Wärmetauschern und Boiler entscheidet über die Funktion jeder Solaranlage. Was wir mit dem Sonnenkollektor erreichen wollen, ist die fast vollständige Deckung des Warmwasserbedarfes im Sommerhalbjahr bzw. in der Zeit, in der die Heizungsanlage für die Raumheizung außer Betrieb ist.

Die benötigte Kollektorfläche ist abhängig

1. von der Personenanzahl, die damit versorgt werden soll

2. von dem Brauchwasserverbrauch pro Person und Tag.

Wir gehen von einem Warmwasserbedarf von ca. 50–70 Litern pro Tag und Person aus, was auch den VDI-Werten entspricht.

Wir dimensionieren unsere Anlagen in der Regel mit 2 m² Kollektorfläche pro Person bei Süddach und 30–50° Neigung. Bei Rippenrohrabsorbern nehmen wir eher etwas mehr, bei selektiv beschichteten etwas weniger.

Pro m² Kollektorfläche werden ca. 50 Liter Speichervolumen angesetzt. So können kurzzeitige Schlechtwetterperioden leicht überbrückt werden.

Faustregel:

pro Person 2 m² Kollektorfläche (bei normalem Warmwasserverbrauch)
pro m² Kollektorfläche 50 Liter Speichervolumen

Beispiel:

4-Personenhaushalt mit normalem Warmwasserverbrauch:
Berechnung
pro Person 2 m² Kollektorfläche = 4 x 2 = 8 m²
pro m² Kollektorfläche 50 l Speichervolumen 8 x 50 = 400 l

Die Kollektorfläche muß vernünftig auf den Brauchwasserverbrauch abgestimmt werden, denn zu viel überschüssige Energie bringt keinen Gewinn.

Fallbeispiele:

4-Personenhaushalt mit 10 m² Kollektorfläche und 300 Litern Speichervolumen = zu heißes Wasser, unnötig hohe Speicherverluste, keine lange Schlechtwetterüberbrückung.

4-Personenhaushalt mit 4 m² Kollektorfläche und 200 Litern Speichervolumen = richtiges Verhältnis von Kollektorfläche zu Speichervolumen, aber keine Schlechtwetterüberbrückung. Warmes Wasser gibt es hier nur an wirklichen Sonnentagen, bei schlechtem Wetter muß immer nachgeheizt werden.

4-Personenhaushalt mit 8 m² Kollektorfläche und 700 Litern Speichervolumen = das Speichervolumen ist zu groß, dadurch werden keine vernünftigen Wassertemperaturen (über 40 Grad, außer im Hochsommer) erreicht.

4-Personenhaushalt mit 16 m² Kollek-

torfläche und 800 Litern Speichervolumen = richtiges Verhältnis von Kollektorfläche zu Speichervolumen, dadurch erzielt man zwar hohe Wassertemperaturen (60 - 80 Grad) und eine Schlechtwetterüberbrückung für 4–6 Tage. Der Nachteil hierbei sind jedoch die hohen Kosten beim Kollektor und beim Boiler, der Wirtschaftlichkeitsfaktor sinkt.

4-Personenhaushalt mit 8 m² Kollektorfläche und 400 Litern Speichervolumen = richtiges Verhältnis von Kollektorfläche zu Speichervolumen = optimale Dimensionierung.

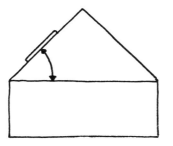

Kollektorneigungwinkel

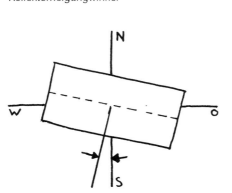

Azimutwinkel

Bei dieser Kollektorflächenbedarfsberechnung war die Südausrichtung und ein Kollektorneigungswinkel von 30–50 Grad zur Horizontalen Voraussetzung. Ist dies wegen der örtlichen Bedingungen nicht möglich, kann der Kollektor auch von der Nord-Süd-Achse abweichen. Diese Abweichung beschreibt der sogenannte Azimutwinkel. Um Verluste auszugleichen, wird die Größe des Kollektors geringfügig erhöht. Die Kollektorfläche wird mit dem Korrekturfaktor für Neigungs- und Azimutwinkel multipliziert.

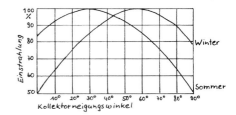

Einfluß des Kollektorneigungswinkels auf die Einstrahlung im Sommer und Winter

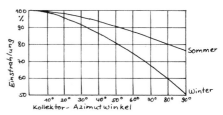

Einfluß des Azimutwinkels auf die Energieeinstrahlung im Sommer und Winter

Aus der Abweichung von der idealen Ausrichtung der Kollektoren ergeben sich Faktoren, mit denen die eigentlich benötigte Kollektorfläche multipliziert werden muß.

Faktor für Kollektorneigung		Faktor für Azimutwinkel	
10°	1,3	15°	1,01
20°	1,2	30°	1,02
30°	1,0	45°	1,04
40°	1,1	60°	1,08
50°	1,2	75°	1,12

Kollektorfläche mit Berücksichtigung von Neigungs- und Azimutwinkel:

$$A = a \times fa \times fn$$

A = Benötigte Kollektorfläche in m²

a = Errechnete Kollektorfläche nach Faustregel

fa = Korrekturfaktor für Azimutwinkel (aus der Tabelle zu entnehmen.)

fn = Korrekturfaktor für Neigungswinkel

Wer bei der Flächenberechnung noch genauer vorgehen will und beispielsweise noch Globalstrahlung usw. berücksichtigen will, sei auf Koblin, W. u. a.: „Handbuch passive Nutzung der Sonnenenergie" verwiesen. Allerdings zeigt die langjährige Erfahrung, daß z.B. der verschiedene Wasserverbrauch die Kollektorbedarfsplanung sehr viel mehr beeinflußt als die oben genannten Faktoren. Die dargestellte Berechnung genügt also völlig.

4.1.2. Aufstellungsort und -art

Bei den verschiedenen Aufstellungsmöglichkeiten sollten neben den technischen Faktoren und Schönheitskriterien folgende Dinge beachtet werden.

Dacheinbau

Beim Einbau des Kollektors in das Dach sollte man auf richtige Plazierung achten. Ein Kollektor, der am Dachrand oder in einer Ecke installiert ist, verunstaltet die Dachfläche optisch. Faustregel: rund um den Kollektor sollten mindestens drei Ziegelreihen verbleiben. Ein Kollektor, der eher breit als hoch ist, wirkt optisch positiver als ein schmaler und hoher.

Die hier beschriebenen Kollektorarten werden nicht auf die Dachhaut montiert, sondern in das Dach integriert. Dachziegel und Lattung werden entfernt. Die darunterliegende Dachschalung wird gleich als Bodenplatte für den Kollektor verwendet.

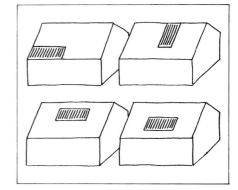

Die optisch günstigste Lösung für den Dacheinbau ist die rechts unten, noch akzeptabel ist die Lösung links unten.

Freie Aufstellung

Bei der freien Aufstellung der Kollektoren sollten diese nicht höher als 2 m sein. Dies ergibt bei verschiedenem Neigunswinkel eine Gesamthöhe von 1,25 – 1,5 m. Diese Höhe fügt sich noch relativ gut in die Umgebung ein. Bei

Frei im Garten aufgestellter Kollektor

dieser Aufstellungsart ist ein Tragrahmen für den Kollektor anzufertigen (kann auch für verschiedene Neigungswinkel verstellbar gemacht werden). Der Kollektor bzw. Rahmen muß am Boden gut befestigt werden, um der Beanspruchung durch Sturm gerecht werden zu können.

Aufstellung auf Flachdach

Für die Aufstellung auf Flachdächern gelten im Groben die selben Regeln wie bei der freien Aufstellung, nur sollte hier die Kollektorhöhe 1 m nicht überschreiten. Damit man hierbei eine entsprechende Fläche erreicht, werden die Kollektorfelder hintereinander gestellt.

4.2 Planung des Speichers und der Einbindung in das bestehende Heizungssystem

Solaranlagen erzielen ihre volle Funktion erst in Kombination mit einem Wärmespeicher. Damit können kurzfristige Zeiträume mit einer zu geringen bzw. ohne Sonneneinstrahlung überbrückt werden: Abend, Nacht, Morgen, Regentage. Auch das Vorwärmen des Leitungswassers, das mit einer Temperatur von 5–10 Grad aus dem Boden kommt, wird durch eine Kombination des Wärmespeichers mit der vorhandenen Heizungsanlage möglich. Die Größe des Wärmespeichers sollte pro m^2 Kollektorfläche bei normalem Warmwasserverbrauch 50 Liter betragen (z.B. 10 m^2 Kollektor = 500 Liter Speicher). Das Speichervolumen sollte nur geringfügig über- oder unterschritten werden, um die genannten Vorteile zu gewährleisten.

In der Regel wird der Solarspeicher seinen Aufstellungsort im Heizungskeller finden, was meist sehr sinnvoll ist, da hier die Anbindung an das bestehende Kalt- und Warmwassernetz relativ einfach und problemlos ist. So stehen hier die Möglichkeiten für Direkt-, Vorwärme- und Nachheizbetrieb ohne lange Leitungswege offen.

4.2.1 Speicherbauarten

Am Markt werden heute zahlreiche Solarboiler angeboten. Die richtige Auswahl jedoch ist schwierig, denn die Unterschiede bei Bauart, Material und Preis sind beträchtlich.

Druckboiler

Für Solaranlagen bis 1.000 Liter Boilergröße haben sich industriell gefertigte

Druckspeicher mit Handloch für Wärmetauschereinbau und Anschlußmuffen

Auf dem Flachdach aufgestellter Kollektor

Solarboiler mit entsprechenden Tauschern als am sinnvollsten erwiesen. Voraussetzung für einen guten Solarboiler: Bauart möglichst hoch, um so eine gute Wärmeschichtung zu erreichen. Tauscherspirale für Solaranlage möglichst weit unten im Boiler, um eine gute Ausnützung des gesamten Boilervolumens zu erreichen. Nachheizspiralen des vorhandenen Heizungssystems möglichst weit oben, um nur maximal 1/3 des Boilerinhaltes zu erwärmen.

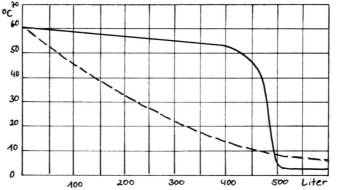

Kennlinien für die Entladung von Wärmespeichern

—— *Sehr gute Wärmeschichtung (optimierter Druckspeicher)*

----- *Sehr ungünstige Wärmeschichtung (schlecht konstruierter druckloser Speicher)*

Boilermaterial

Da bei Druckboilern der Warmwasserinhalt gleichzeitig dem Brauchwasser entspricht, muß die Innenseite aus lebensmittelrechtlichen Gründen aus verzinktem, kunststoffbeschichtetem oder emailliertem Eisenblech oder aus Edelstahl beschaffen sein.

Verzinkte oder kunststoffbeschichtete Boiler sind preiswerter, wobei verzinkte Boiler den großen Nachteil aufweisen,

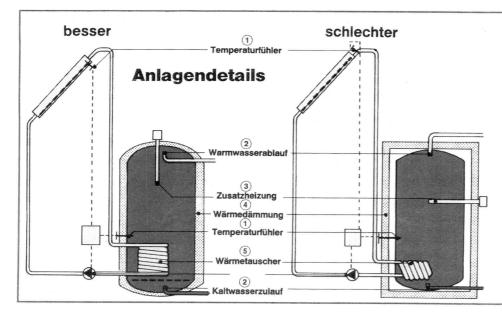

Darauf kommt es an:

① **Temperaturfühler** sollten so angebracht sein, daß sie im Kollektor möglichst genau die Temperatur des Wärmeträgermediums, im Speicher die Umgebungstemperatur des Wärmetauschers erfassen.

② **Zu- und Ablauf** dürfen das Speicherwasser nur möglichst wenig in Bewegung setzen, da sonst die Temperaturschichtung durcheinandergebracht wird.

③ Die **Zusatzheizung** soll nur den oberen Speicherinhalt erwärmen. Seitliche Anbringung fördert unerwünschte Zirkulation.

④ Die **Wärmedämmung** muß direkt am Speicher anliegen, sonst kühlende Luftströmung.

⑤ **Wärmetauscher** senkrecht montiert leistet mehr, da stärkerer Auftrieb den Wärmeübergang fördert.

Wichtige Punkte bei der Beurteilung von Druckspeichern

daß hier keine handelsüblichen Kupferspiraltauscher eingebracht werden können (Korrosionsfraß durch Batterieeffekt) und nur sehr teure Edelstahltauscher lange Lebensdauer garantieren.

Meist sind emaillierte Boiler auf dem Markt anzutreffen. Sie garantieren eine jahrzehntelange Lebensdauer, wenn sie mit einer sogenannten Opferanode betrieben werden, da die Emailleschicht nie 100%ig ist und öfters kleine Haarrisse aufweist. Vor Inbetriebnahme sollte der Boiler auf größere Emailleschäden inspiziert werden, um eventl. Risse oder Absplitterungen mit Emaillepaste auszubessern. Opferanoden müssen aber dann alle paar Jahre ausgebaut und auf ihren Zustand überprüft werden. Daher finden wir die elektrischen Correx- Anoden für einen geringen Mehrpreis sinnvoller. Diese Anode sichert dem Boiler eine lange Lebensdauer ohne Überprüfung und Auswechslung. Der Stromverbrauch der elektrischen Correx-Anode ist äußerst gering.

Edelstahlboiler gehören zu den teuersten Boilern und halten „ewig".

Preise

Ein Preisvergleich zwischen verschiedenen Herstellern bzw. Anbietern lohnt sich immer. Schnell sind einige hundert Mark gespart bzw. die Differenz zu guten Boilern ist gar nicht mehr so groß.

Ein 500 Liter Boiler ist für knapp 2.000,– DM bis 3.500,– DM zu haben. Das teure Exemplar besteht in der Regel aus Edelstahl, die billigen Boiler sind meist kunststoffbeschichtet und die mittleren Preisgruppen werden von emaillierten Boilern eingenommen.

Bei manchen Anbietern ist im Boilerpreis bereits ein Tauscher inbegriffen, was bei Preisvergleichen eine erhebliche Rolle spielt.

Wärmetauschergröße

Für die Solarboiler werden in der Regel sogenannte Kupferspiraltauscher mit Lamellen (zur Erhöhung der Wärmeabgabefläche) mit außenseitiger Verzinnung angeboten. Zu beachten ist hier nur die Tauscheroberfläche, die garantieren soll, daß die von der Sonne erzeugte Wärme fast restlos (Differenz 2–4 Grad) an das Boilerwasser abgegeben wird. Die Tauscheroberfläche steht im Verhältnis zur Kollektorfläche und sollte bei hochwertigen Lamellentauschern etwa 1/8 der Kollektorfläche betragen (10 m² Kollektorfläche = 1,25 m² Tauscheroberfläche). Hier ist jedoch zu erwähnen, daß die Tauscheroberfläche fast nie zu groß sein kann. Angeboten werden auf dem Markt Tauscher mit ca. 1,2 m² und 2,4 m². Bei den 2,4 m²-Tauschern spricht man meist von den sogenannten Sonnenkollektortauschern, den wir standardmäßig für alle

Solaranlagen bis 20 m² Größe empfehlen würden. Senkrechte Wärmetauscher sind in der Regel günstiger als waagerechte.

Drucklose Speicher

Industriell gefertigte drucklose Speicher werden meist aus kunststoffähnlichen Materialien angeboten. Vorteil: bei großen und sehr großen Speichervolumenbedarf (1.000 Liter und mehr) preisgünstiger als Druckboiler. Das Speicherwasser ist hier nicht gleichzeitig Brauchwasser, sondern nur Energiespeicher, und so bedarf es hier einer separaten Brauchwasserspirale oder auch eines Einsatzes, der an das Warmwassernetz angeschlossen wird. Nachteile gibt es hier bei der Brauchwassertemperatur, die ca. 2–3 Grad unter der Speicherwassertemperatur liegt (Tauscherverluste) und beim Tauschermaterial. Kupfertauscherspiralen für das Brauchwasser können nur eingebaut werden, wenn das nachfolgende Warmwassernetz auch aus Kupfer oder Kunststoff ist. Bei verzinkten Warmwasserleitungen empfiehlt sich ein verzink-

Kupferspiral-Lamellen-wärmetauscher

ter Druckboilereinsatz als Ersatz für die Tauscherspiralen oder ein Edelstahltauscher.

Drucklose Speicher können auch selbst gebaut werden. Tips dafür geben wir im 6. Kapitel.

4.2.2 Ölzentralheizung

Ölzentralheizung mit integriertem Boiler

Bei Ölzentralheizkesseln mit integriertem Boiler, wird der Solarboiler separat daneben gestellt und kann so direkt am Kaltwasserzulauf, der bisher mit dem Zentralheizkessel verbunden war, angeschlossen werden. Der Warmwasserausgang des Solarboilers wird nun mit der Warmwasserleitung verbunden und mit einem Absperrhahn versehen, so daß das Wasser, sobald es warm genug ist (im Sommerhalbjahr), direkt vom Solarboiler zum Warmwasserhahn gelangt. Im Winter und zum Teil in der Übergangszeit, wenn das Warmwasser nicht mehr ausreicht bzw. die Heizung in Betrieb ist, wird das kalte Wasser im Solarboiler vorgewärmt und im Heizboiler noch auf die entsprechende Temperatur nachgeheizt. Diese Umschaltung mit den Absperrhähnen kann auch für ca. 200,– bis 300,– DM mit einem Magnetschaltventil elektrisch vorgenommen werden.

Achtung: Zirkulationsleitung abklemmen bzw. im Notfall mit einer Zeitschaltuhr betreiben (Energiefresser). Vgl. Abb. S. 64.

Ölzentralheizung mit separatem Boiler

Bei einem separat stehenden Wasserboiler einer Ölzentralheizung mit einem Volumen von 100 bis 200 Litern gibt es meist nur einen Tauscheranschluß und die Speichergröße ist meist viel zu klein. So ist es hier fast immer am sinnvollsten, den kleinen Boiler zu entfernen und nur den Solarboiler zu betreiben. Der Solarboiler wird wie der alte Boiler angeschlossen. Der unterste Tauscher (ca. 2,4 m²) steht der Solaranlage zur Verfügung und der oberste (ca. 1,2 m²) der herkömmlichen Heizung.

Achtung: Zirkulationsleitung abklemmen bzw. im Notfall mit einer Zeitschaltuhr betreiben (sind absolute Energiefresser). Vgl. Abb. S. 63.

4.2.3 Feststoffheizung und Kachelofen mit Wärmetauscher

Bei Heizkesseln mit Festbrennstoffen verhält es sich genauso, wie bei den vorher beschriebenen Ölkesseln. Ist neben dem Heizkessel noch eine zusätzliche Energiequelle vorhanden, z.B. ein Kachelofen mit Wärmetauscher, so wird dieser an den mittleren Tauscher des Solarboilers angeschlossen. Meist dient der Kachelofen für die Übergangszeit und stellt somit eine sinnvolle Ergänzung für die Brauchwasserbereitung dar. Vgl. Abb. S. 65.

4.2.4 Nachheizung mit Gas

Durchlauferhitzer werden mit Strom oder Gas betrieben. Aus energiepolitischer Sicht sinnvoll ist nur der Gas-Durchlauferhitzer. Er steht über einen Fühler mit dem Solarboiler in Verbindung und wird automatisch in Betrieb genommen, wenn die vorgegebene Wassertemperatur nicht erreicht wird. Vgl. Abb. S. 63.

4.2.5 Nachheizung mit Strom

Elektro-Durchlauferhitzer sind energiepolitisch völlig unsinnig. Eine bessere Lösung stellt hier ein Heizstab dar, der im obersten Drittel des Solarboilers eingebaut wird. Er soll mit einem Thermostat geregelt nur den obersten Teil des Boilerwassers nachheizen, falls die Sonnenenergie nicht ausreicht (Anschlußwerte 2 oder 4 kW genügen). Vgl. Abb. S. 63.

4.3 Planung des Solarkreislaufes und der Steuerung

4.3.1 Solarkreislauf

Die Verbindungsleitungen vom Kollektor (Energieerzeuger, Wärmequelle) zum Solarboiler (Verbrauch, Speicher) stellen den Solarkreislauf dar.

Am Kollektoreingang verteilt sich das Solarmedium (bei Sommerbetrieb Wasser, bei ganzjährigem Betrieb Wasser mit Frostschutzmittel) in die Absorberfläche. Beim Durchfließen der Kollektorleitungen erwärmt sich die Flüssigkeit und sammelt sich schließlich am Kollektorausgang, um im Kollektorrücklauf Richtung Solarboiler zu fließen.

Dort tritt es in den oberen Ausgang des Solartauschers ein, kühlt sich in diesem ab (gibt Wärme ab bzw. erwärmt das Speicherwasser) und tritt am unteren Speicherausgang mit etwas höherer

Temperatur, als der Boiler an dieser Stelle hat (Tauscherverluste bzw. -differenz), aus. Die Solarflüssigkeit strömt nun durch die Rückschlagklappe und durch die Pumpe, die den Solarkreislauf bewegt, in Richtung Dach zum Kollektorvorlauf.

Bei Pumpenstillstand drängt das wärmere Wasser im Tauscher in umgekehrter Kreislaufrichtung zum Kollektor, was jedoch durch die Rückschlagklappe verhindert wird.

Am höchsten Punkt der Anlage wird eine Entlüftungsmöglichkeit installiert. Beim Metallkollektor (geschlossenes System) ist dies ein Groß- oder Handentlüfter, beim Rippenrohrkollektor (offenes System) ein Ausdehnungsgefäß (ADG).

Bei der geschlossenen Anlage hat der Entlüfter nur die Funktion der Entlüftung. Der Volumenausgleich wird über ein geschlossenes Ausdehnungsgefäß (Flexcon) im Heizungsraum vorgenommen.

Das offene Ausdehnungsgefäß der Rippenrohranlage integriert folgende Funktionen:

– Volumenausgleich
– Entlüftung
– Überhitzungsschutz.

Bei Ausfall der Zirkulationsmechanik (Pumpe, Steuerung) kann der Kollektor zum Kochen kommen. Der Wasserdampf entweicht durch den Überlauf, Kaltwasser fließt nach.

Dieses offene ADG (20–50 l Inhalt) kann fertig bezogen oder selber geschweißt werden (vgl. Abschnitt 6.3). Das ADG muß über dem Kollektor angebracht werden. Kommt der Kollektor in ein Satteldach und ist der Speicher des Hauses nicht ausgebaut, so kann das ADG meist in den Dachboden gebaut werden. In anderen Fällen, wenn es auf das Dach muß, kann man es verkleiden, so daß es wie ein Kamin aussieht.

Zur Verlegung des Solarkreislaufes

Beim offenen wie beim geschlossenen System müssen die Leitungen des Solarkreislaufes stets zur Entlüftung am höchsten Punkt der Anlage leicht steigend verlegt werden. Jede Luftansammlung an irgendeinem Punkt der Leitung muß ohne Hindernisse langsam nach oben Richtung Entlüftung steigen und dort austreten können.

Sicherheitseinrichtungen für geschlossene Anlagen
(Flexcon, Überdruckventil, Manometer)

Ausdehnungsgefäß für offene Anlagen

27

Die Solarkreislaufleitung führt vom Heizungsraum, meist im Keller, zum Kollektor, meist auf dem Dach. Wer ein Haus bauen will und für später den Einbau einer Solaranlage plant, sollte vorsorglich in die Wand vom Heizungskeller in den Dachraum zwei Kupferrohre mit 18 mm oder 22 mm Durchmeser und Isolierung sowie eine Steuerleitung verlegen. Möglich ist auch, ein HT-Abflußrohr 100 mm einzumauern (ohne Bögen), in das später die Leitungen geschoben werden können.

Wird die Anlage nachträglich eingebaut, so kann die Leitung entweder in Wandschlitze oder Aufputz, innerhalb oder außerhalb des Hauses möglichst in Ekken oder an Kaminvorsprüngen, verlegt und anschließend verkleidet oder ummauert werden. Achtung: bei Durchbrüchen und Schlitzen Platz für Rohrisolierung nicht vergessen!

Leitungsrohre

Die Leitungen des Solarkreislaufes werden bevorzugt mit Kupferrohren ausgeführt. Auf gar keinen Fall mit normalen Kunststoff- oder PVC-Rohren, da diese die großen Temperaturschwankungen und zum Teil auch Temperaturen über 100°C nicht mitmachen. Neuerdings gibt es heißwasserbeständige PVC-Rohre. Erfahrungen damit liegen uns nicht vor.

Der Rohrdurchmesser ist abhängig von der Kollektorfläche:

	Kupfer	Stahl
bis 10 m²	18 mm	3/4"
10 bis 20 m²	22 mm	1"
20 bis 40 m²	28 mm	5/4"
40 bis 80 m²	35 mm	1 1/2"
ab 80 m²	42 mm	2"

Ein zu kleiner Rohrquerschnitt erfordert eine große Pumpenleistung, um die Energie vom Kollektor zum Speicher zu befördern (hohe Fließgeschwindigkeit und hohe Reibungsverluste). Zu große Rohrquerschnitte zwingen das warme Wasser zur langen Verweildauer in der Vor- und Rücklaufleitung (unnötige Wärmeverluste in den Rohren, hohe Mehrkosten durch Rohre und Isolierung).

Als Umwälzpumpe genügt bei Kollektoren bis zu einer Größe von 20 m² eine gängige stufengeschaltete Heizungspumpe mit z.. 30/45/60 Watt. Meist genügt die Stufe 1 oder 2 (30/45 W) völlig.

Armaturen für den Solarkreislauf

4.3.2 Steuerung

Die Kollektorpumpe wird von einem Temperaturdifferenzsteuergerät eingeschaltet, wenn der Kollektor um 1–20 K (einstellbar) wärmer ist als der Speicher.

Steuergerät der Fa. Resol

Steuergerät der Firma Schrul mit Tauch- und Anlegefühler

Der Kollektorfühler wird oben im Kollektorkasten an den Absorber geklemmt (Kollektorfühler = Anlegefühler). Der Speicherfühler ist meist ein Tauchfühler und zwar dann, wenn am Solarboiler in der Nähe des Eintritts für den Solarwärmetauscher etwas ober- oder auch unterhalb eine mindestens 1/2" große Muffe vorhanden ist. Ansonsten wird stattdessen ein Anlegefühler in ähnlicher Position angebracht.

Diese zwei Meßfühler werden im Steuergerät angeschlossen. Als Verbindungskabel genügen zweiadrige Litzen oder ein normales Installationskabel NYM 3 x 1,5 von den beiden Fühlern zum Steuergerät. Das Steuergerät wird an 220 V angeschlossen, wobei es sich bewährt hat, vorher einen Ausschalter einzubauen, um die komplette Anlage abzuschalten (Überprüfung, nur Sommerbetrieb, Reparatur). Weiter ist es sinnvoll, die Pumpe per Handschaltung betreiben zu können, um evtl. Fühlerdefekte oder ähnliches abklären zu können (Handbetrieb, Vor- und Rücklaufthermometer vergleichen).

Neben diesen Temperaturdifferenzsteuergeräten mit zwei Thermofühlern zur Steuerung einer Pumpe gibt es für die Schaltung von Anlagen mit mehreren Kollektoren, mehreren Speichern, mehreren Abnehmern usw. aufwendigere Geräte bis zu Minicomputern.

Es ist einleuchtend, daß die Pumpe im Solarkreislauf ideal mit Solarstrom betrieben werden kann, da immer dann, wenn die Pumpe laufen muß, auch Solarstrom gewonnen werden kann. Im Handel gibt es geeignete Schwachstrompumpen (12 oder 24 V) und Solarpaneele. Auf die Steuerung kann man aber trotzdem nicht verzichten, da bei Sonnenschein trotzdem die Temperatur im Kollektor niedriger sein kann als im Speicher.

5. Bau des Kollektors

Mit einem gewissen technischen Verständnis und richtigem Umgang mit Materialien und Werkzeug ist der Kollektorbau kein großes Problem. Wir haben Möglichkeiten berücksichtigt, die mit preiswertem Material relativ einfach durchgeführt werden können und eine hohe Funktionssicherheit gewährleisten. Um Fehler und überflüssige Arbeit zu vermeiden, haben wir in den folgenden Kapiteln Wissenswertes für den Selbstbau zusammengefaßt.

Im Abschnitt 5.1 beschreiben wir den Bau des Serpentinen-Rippenrohr-Kollektors, im Abschnitt 5.2 die Besonderheiten, die beim Bau des Kupferkollektors zu beachten sind.

Wenn nun die Rahmenbedingungen bezüglich der Größe und der Aufstellung des Sonnenkollektors erörtert sind, kann man mit dem Bau beginnen.

5.1 Der Kunststoff-Rippenrohr-Kollektor

Für den Serpentinenkollektor als Absorber haben wir uns deshalb entschieden, weil die Rippenrohre einfach und mit wenig Arbeitsaufwand verlegt werden können und wegen der wenigen Anschlüsse eine hohe Sicherheit zu erreichen ist.

Der Serpentinenkollektor, ausgelegt mit Umwälzpumpe, eignet sich besonders für Brauchwasseranlagen in verschiedenen Größen.

Beim Serpentinenkollektor laufen in der Regel 2 oder 3 Rippenrohre parallel in serpentinenförmigen Windungen von unten nach oben. Die Rippenrohre werden an einem verzinkten Casanett-Gitter befestigt, darunter liegt eine schwarz gespritzte Holzwolle-Leichtbauplatte. Die Abdeckung erfolgt durch eine Zweischichtabdeckung mit Hostaphanfolie und Polycarbonat-Lichtplatten.

5.1.1 Rahmen

Der Kollektor kann in seinen Abmessungen (Breite und Höhe) sehr flexibel gestaltet werden. Die Breite eines Absorbers kann beliebig sein. Für die Höhe ist ein vom Serpentinensystem her gegebener Raster zu berücksichtigen. Ausschlaggebend für diese oder jene Höhe des Kollektorkastens kann aber auch die Abdeckung bzw. deren Standardlänge sein (da sonst oft zu hoher Verschnitt).

Wir führen in einem Abstand von 5 cm pro Rohr (ist durch das Casanett-Gitter bestimmt) 2 oder 3 Rohre parallel. Damit ist das Raster gegeben.

Beispiel für Abmessungen:

Benötigte Kollektorfläche = 12 m²
6 m Breite stehen zur Verfügung
12 m² : 6 m = 2 m Kollektorhöhe

Berechnung der Windungszahl

bei 3 Rohren

$$n = \frac{h - r}{R} \qquad n = \frac{2m - 0,05m}{0,15m} = 13$$

dabei gilt:

n = Windungszahl
h = Kollektorhöhe (Innenmaß)
r = 5 cm Randabstand
R = Rohrabstand 5 cm x Anzahl der parallel geführten Rohre 2 oder 3

Im Fallbeispiel können 13 Windungen à 3 Rohre verlegt werden. Bei gerader Windungszahl sind Rohreingang und Rohrausgang auf der gleichen Seite, bei ungerader Windungszahl (Fallbei-spiel) liegen sie diagonal gegenüber.

Je m² Kollektorfläche werden 20 m² Rohre verlegt. Es ist zu beachten, daß ein Rohrstrang nicht länger als 150 m sein soll. Dies ergibt bei einem 2-Röhrenabsorber eine Maximalfläche von 15 m² und bei 3 parallel geführten Rohren eine Fläche von 22,5 m². Soll ein größerer Kollektor gebaut werden, können mehrere Elemente mit getrennten Absorberkreisläufen parallel geschaltet werden bzw. die Zahl der parallel verlaufenden Rohre erhöht werden (siehe Großanlagen).

Bei den Kollektorinnenmaßen sollte man sich möglichst nach den Abdeckungen bzw. deren Maßen richten (siehe Abdeckung 5.5).

Nachfolgend wollen wir an einem 2 m hohen Kollektorrahmen (Innenmaß) den kompletten Aufbau nachvollziehen. Die 2 m Bauhöhe wählten wir, weil Polycarbonatplatten 2,2 m lang sind und auch die Maße der Heraklitplatten 2 m x 0,5 m betragen.

Rippenrohrabsorber mit drei Rohrsträngen

Rippenrohrabsorber mit zwei Rohrsträngen

Wir verwenden für unseren Kollektor als Rahmen den Werkstoff Holz. Dieses Material ist leicht für jedermann zu verarbeiten, diffusionsfähig, daher kein Beschlagen der Abdeckung, ökologisch sinnvoll, billig und hält lange.

Der Außenrahmen besteht immer aus 2 Längsbohlen und 2 Querbohlen, die aus 30 mm dicken Brettern gefertigt werden. Die Breite der Bretter ist vom Kollektoraufbau abhängig, bzw. von der Ausführung der Abdeckung.

Rahmen für freistehenden Kollektor

Für einen freistehenden Kollektorkasten verwenden wir Längs- und Querbohlen, 30 mm dick und 13 cm breit. Als Eckverstärkung 3 x 3 x 11 cm große Latten. Die Längs- und Querbohlen werden auf die gewünschte Länge abgeschnitten und an den Ecken mit den Eckverstärkungslatten, die an der Oberkante bündig gemacht werden, verschraubt. (Jede Seite 2 x mit Schloßschrauben 8 x 90 mm.) Zwischen den Eckverstärkungs-

latten werden nun Bodentraglatten (3 x 3 cm) an die vier Rahmenhölzer angeschraubt. Diese müssen nun bündig mit dem unteren Teil der Eckverstärkungslatten sein, um später den Boden aufnehmen zu können.

Ist dies geschehen, drehen wir den Rahmen auf die Oberkante, richten ihn rechtwinklig, fügen die Bodenplatte ein und befestigen sie alle 20 cm mit Holzschrauben an den Traglatten. Als Bodenplatte kann eine Spanplatte oder können auch Bretter verwendet werden. Bei der Verwendung einer Spanplatte als Bodenplatte müssen später zur Befestigung der Heraklitplatte und des Casanett-Gitters Spax-Schrauben mit Karosseriescheiben benutzt werden. Bei normalen Brettern als Boden können später normale Heraklitnägel benutzt werden.

Nun kann der Kollektorkasten auf die Böcke gestellt werden, die ihm die entsprechende Schrägneigung geben und festgeschraubt werden (Sturm).

Rahmen für integrierte Dachbauweise

Soll der Sonnenkollektor in ein vorhandenes Dach integriert werden, ist der Rahmen etwas anders auszuführen.

Haben wir ein Dach mit Schalung zur Verfügung, verwenden wir die Dachschalung als Bodenplatte und befestigen auf dieser nur noch den Rahmen. Die Isolierung wird an der Dachinnenseite zwischen den Sparren angebracht. Mit dieser Bauweise wird die Gesamthöhe des Kollektors niedrig gehalten und der Kollektor läßt sich gut in das Dach integrieren. Die Eckverstärkungslatten entfallen.

Die Breite der Rahmenbohlen (Dicke 30 mm) richtet sich nach dem Dachaufbau über der Schalung (Luftlattung, Ziegellattung und Ziegel). Von der vorhandenen Dachschalung bis zur höchsten Stelle der Dachziegel soll nun unsere Rahmenbohle breit sein (mindestens jedoch 7,5 cm).

An der vorgesehenen Stelle auf dem

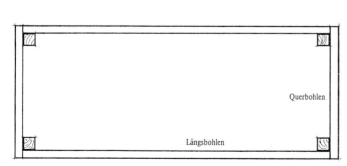

Aufsicht des Rahmens für freistehende Kollektoren

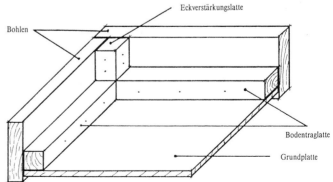

Ausführung der Eckverbindungen bei freistehenden Kollektoren

Bau des Kollektors

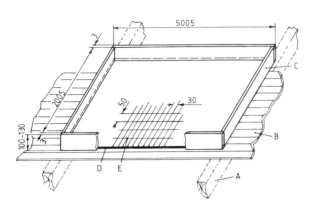

Rahmen für in die Dachhaut integrierte Kollektoren

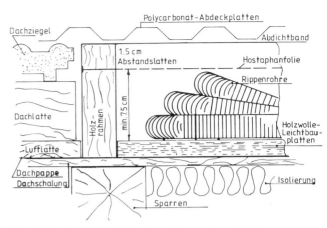

Schnitt durch den in die Dachhaut integrierten Kollektor

Dach werden die Ziegel entfernt. Wir decken etwas mehr aus, um beim Arbeiten gut um den Kollektor herumgehen zu können. Der untere (südliche) und der rechte (östliche) Rahmenteil werden so montiert, daß die Dachziegel später fast am Rahmen anliegen (ca. 1 cm Abstand). So ersparen wir uns an dieser Seite eine spätere Einblechung (siehe Kapitel 5.1.5)

Entsprechend werden Luftlattung und Ziegellattung entfernt, und die Rahmenhölzer mit langen Nägeln (vorbohren) durch die gesamte Breite der Bohlen und Schalung gegen jeden Sparren festgenagelt (Rahmen im Winkel einrichten).

Achtung: die vorhandene Dachpappe auf der Schalung nicht entfernen, so kann bei kaputten Ziegeln oder z. B. de-

fekter Kollektoreinblechung kein Wasser durch die Schalung in das Dachinnere gelangen. Es ist sogar ratsam, im Bereich des Kollektors, nach unten bis zur Dachrinne und nach den anderen Seiten ca. 0,5 m über den Kollektor hinaus, Dachpappe auf der Schalung anzubringen, falls sie vorher nicht vorhanden war.

Zuerst sind Dachplatten, Dach- und Luftlattung zu entfernen

Der Rahmen wird durch vorgebohrte Löcher angenagelt oder geschraubt

5.1.2 Kollektorisolierung

Wieviel Wärmeenergie vom Kollektor genutzt wird, hängt nicht unwesentlich von dessen Isolierung ab. So ist es wichtig, daß der Absorber nach unten (hinten) isoliert ist, um nicht zuviel Wärme abzugeben. Die Verbindungsleitungen vom Kollektor zum Speicher müssen ebenso isoliert werden wie der Speicher selbst.

In der Praxis hat sich ergeben, daß eine 1,5 cm dicke Holzwolleleichtbauplatte, die als schwarze Absorbergrundplatte dient, und eine 3 bis 4 cm dicke Isolierung aus Kokosfaser oder Kork ausreicht. Alternativ dazu kann auch Mineralwolle verwendet werden. Von einer Isolierung mit Styropor ist abzuraten, da Styropor nur bis ca. 80°C temperaturbeständig ist. Holzwolleleichtbauplatten mit zwischengeschobener Styroporisolierung sind ebenso nicht geeignet, da unter der dünnen Holzwolleschicht Temperaturen von über 80°C leicht auftreten können. Achtung: Styropor gast bei ca. 80°C aus.

Bei der Auswahl der Isoliermaterialien sollten daher ganzheitliche Betrachtungen zugrunde gelegt werden:

- thermische Eigenschaften (Wärmeleitung, Wärmedämmung, Beständigkeit bei über 100°C)
- Naturbaustoff (der Bearbeitungsgrad und die Fremdzusätze sollten gering sein)
- Energieaufwand zur Herstellung, Bearbeitung und Transport sollte gering sein.

Werden diese Kriterien zur Beurteilung herangezogen, so bieten sich für unsere Verhältnisse vor allem Holzwolleleichtbauplatten oder Kokosfasermatten an. Von der Wärmedämmung her gesehen, käme auch noch Mineralwolle und Glaswolle in Betracht.

Isolierung für freistehende Kollektoren

Bei freistehenden Kollektoren integrieren wir die Isolierung in den Kollektorkasten. Bei weichem Isoliermaterial sind Abstandslatten nötig, um eine gleichmäßige Distanz zwischen Kollektorboden und Holzwolle-Leichtbauplatten zu erreichen. Optimal wäre eine zusätzliche Bretterlage zwischen Isoliermaterial und Holzwolleplatten.

Die Isolierung wird auf den Kollektorboden gelegt und mit den Holzwolleleichtbauplatten abgedeckt. An den Kollektorecken müssen die Leichtbauplatten ausgeschnitten werden.

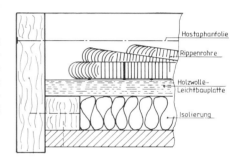

Aufbau des freistehenden Kollektors, wie er vom Landtechnischen Verein in Weihenstephan vorgeschlagen wird

Isolierung für integrierten Kollektor

In den bereits montierten Kollektorrahmen bzw. auf die vorhandene Dachschalung mit Dachpappe werden die Holzwolleleichtbauplatten (1,5 cm dick) ganzflächig eingelegt. Die Kollektorisolierung wird bei dieser Bauart unterhalb der Dachschalung (im Dachboden) zwischen den Sparren montiert, wie bei einem normalen Speicherausbau. Ist allerdings der Speicher bereits ausgebaut und die Isolierung hinterlüftet, so muß der Kollektor selbst isoliert werden, wie beim freistehenden Kollektor beschrieben.

Die Holzwolle-Leichtbauplatten werden in den Rahmen gelegt

Isolierung des Kollkektors nach unten zwischen den Sparren, hier mit Kokosfasermatten

5.1.3 Absorberträger

Bevor wir den Absorberträger auf die Leichtbauplatte aufbringen, ist es sinnvoll, die Aus- und Eingänge der Rippenrohre in den Kollektorrahmen bzw. -boden zu schneiden (empfehlenswert mit einer Stichsäge). Je nach Windungszahl liegen die Ein- und Ausgänge auf der gleichen Seite oder diagonal gegenüber.

Je nach örtlichen Gegebenheiten werden die Öffnungen in den Rahmen bzw. in den Kollektorboden gesägt. Zu beachten ist nur, daß die Rohrführung vom Zulauf zum Kollektoreingang und vom Auslauf bis zum Ausdehnungsgefäß inklusive der Rohrdurchführungen in und aus dem Kollektorkasten steigend erfolgt.

Der Absorber besteht aus einer schwarzgespritzten Holzwolleleichtbau-platte als Untergrund, dem Casanett-Gitter als Absorberträger und dem Rippenrohr. Die schwarzgespritzte Holzwolleleichtbauplatte mit ihrer rauhen Beschaffenheit und das Rippenrohr mit der großen Oberfläche können somit viel Wärmeenergie aufnehmen.

Das Casanett-Gitter wird als Träger für die Rippenrohre benötigt. Das Gitter wird auf Kollektorhöhe und -breite zugeschnitten. Die einzelnen Bahnen werden, wie später im Kollektor, am Boden ausgelegt, wobei die Querstäbe unten liegen müssen.

Mit einem Seitenschneider oder einer Flechtzange werden einige Längsstäbe aufgezwickt, um später mit ihnen die Rippenrohre befestigen zu können. Die Stäbe werden versetzt aufgeschnitten, um die Stabilität des Gitters zu erhalten, und so ist es sinnvoll, nach einem bestimmten System vorzugehen. Da links

Untere Einführung

Obere Einführung

So werden die Stege des Casanett-Gitters abgezwickt

Hier werden die Stege des Befestigunggitters aufgebogen

und rechts im Kollektor die Rippenbögen liegen, muß hier das Gitter 20 bis 25 cm vom Rand nicht aufgeschnitten werden. Am besten fängt man mit dem linken Gitterstreifen an, 20 bis 25 cm werden ausgelassen (für den Bogenbereich), dann wird in der obersten Reihe jeder fünfte Steg am obersten Quersteg abgeschnitten. Gleichzeitig mit dem Aufzwicken biegt man den Draht leicht nach links. In der nächsten Reihe darunter fängt man nun um ein Raster weiter rechts mit dem Abzwicken an.

Ist das erste Gitter fertig, legt man das zweite Gitter rechts daneben (2 cm Abstand) und fährt ebenso fort. Die fertiggestellten Gitter werden in den Kollektorrahmen eingelegt und mit Heraklitnägeln, die durch die Holzwolleleichtbauplatten (evt. auch durch die Isolierung) in die Dachschalung reichen, befestigt. Die Heraklitnägel sollten jeweils im Gitterkreuz unter den waagrechten Stegen angebracht werden, damit die höchste Festigkeit gewährleistet

ist. Das Gitter ist besonders oft an den Rändern zu befestigen. Ist das Gitter befestigt, werden die abgeschnittenen Gitterdrähte senkrecht zur Heraklitplatte aufgebogen.

Jetzt kann die Holzwolleleichtbauplatte samt Gitter mit einer Dispersionsfarbe schwarzmatt gespritzt oder auch gestrichen werden. Benötigt werden ca. 0,5 l Farbe pro m². Die Farbe wird mindestens 1:1 verdünnt. Zum Spritzen der Dispersionsfarbe eignet sich besonders gut eine Unkrautspritze, da auch auf dem Dach problemlos gearbeitet werden kann. Die Farbe kann aber auch mit Druckluftsprühgerät oder Pinsel aufgebracht werden. Beim Arbeiten am Gitter ist auf die Verletzungsgefahr an den aufgebogenen Stegen hinzuweisen. Mit einem größeren Karton schützt man die angrenzende Dachfläche vor Verunreinigungen.

Spritzen des Absorberträgers mit Dispersonsfarbe, hier mittels einer Unkrautspritze

35

5.1.4 Absorberrohrverlegung

Für die Absorberfläche verwenden wir ein Polypropylen-Rippenrohr 25/20. Pro m² Kollektorfläche werden ca. 20 m Rippenrohr benötigt.

Grundsätzlich zu beachten ist, daß wegen der Wärmeausdehnung von Polypropylen die Rohrschleifen nicht bis zum seitlichen Kollektorrand gelegt werden. Ein Abstand von 5 bis 8 cm sollte eingehalten werden. Jeder Strang muß gleich lang und einzeln absperrbar sein. Ebenso sollten die Rohre vor Aufbringen der Abdeckung auf ihre Dichtigkeit geprüft werden.

Verlegung mit 3 Serpentinen

Der Rippenrohrbund sollte mit einem Achsenkreuz, welches in eine leere Tonne gestellt wird, abgespult werden, um einen Drall zu vermeiden. Der Anfang des Rohres wird durch die Öffnung des Kollektoraustritts geschoben (ca. 1 m).

Jetzt wird die erste Lage, beginnend in der obersten Reihe, von oben an die aufgebogenen Gitterstäbe gelegt und die ersten 1 oder 2 Gitterstege bei der Austrittsöffnung über das Rohr gebogen. Das Rohr muß dabei fest an die Kreuzstelle zwischen Längs- und Querdraht gedrückt werden. Der abgezwickte und senkrecht aufgebogene Steg wird nun so über das Rohr gebogen, daß er dieses zu 3/4 umschließt. Als Hilfsmittel zum Umbiegen des Steges mit dem Daumen eignet sich besonders gut ein kleines Stück Holz. Das Absorberrohr erhält einen besonders guten Halt, wenn die Drähte immer in der Vertiefung liegen.

Nun wird das Rohr mit leichter Spannung an die gegenüberliegende Seite gezogen, um eine gerade Verlegung zu erreichen. Auch hier werden die letzten

Einfache Vorrichtung, um das Rippenrohr ohne Drall abzurollen

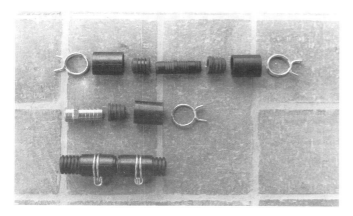

Mit diesen Elementen werden Die Rippenrohre angeschlossen bzw. verbunden

Befestigung der Rippenrohre mittels der Gitterstege

zwei Stege vor der Kurve über den Schlauch gedrückt. Die anderen Drähte können nun gleich umgebogen werden, oder man wartet damit, bis alle Rohre verlegt sind.

Am Kollektorrand wird das Rohr vorsichtig gebogen, wobei der Abstand zum Rand (5 bis 8 cm) und das richtige Zurückfahren in der vierten Reihe von oben wichtig sind. Im Bogenbereich werden die Rohre später mit Kunststoffschnüren oder z. B. mit Kabelbindern befestigt. Ist der erste Strang verlegt, läßt man das Rohr durch die Kollektoreintrittsöffnung ca. 1 m überstehen.

Mit Lage 2 und 3 wird nun genauso verfahren. Das zweite Rohr wird allerdings am Kollektorrand ca. 3 cm weiter innen gebogen als das erste und über dieses geführt. Das dritte sollte nochmals gut 5 cm weiter innen gebogen und über die beiden anderen Rohre geführt werden. Bei der ganzen Verlegung sollte man darauf achten, daß die Leitungen nicht zu stark gebogen (ge-

knickt) und nicht beschädigt werden. Wenn mehrere Leute zusammenhelfen, ist die Verlegung sehr schnell geschehen und unproblematisch.

5.1.5 Anschluß

Am Kollektorein- und -ausgang werden die zwei bzw. drei Rohre mit einem Verteiler aus Messing (siehe Foto) zusammengefaßt. Für diesen Anschluß gibt es einen Montagesatz. Die Arbeit mit diesem Satz geht schnell, sicher und kann ohne Spezialwerkzeug ausgeführt werden. Bastler können den Verteiler auch selbst aus Installationsrohren herstellen.

An den Verteiler für den Absorbereingang schrauben wir zuerst die drei Muffenschieber an und an die Muffenschieber drei Schlauchverschraubungen. Dabei muß Hanf für die Abdichtung verwendet werden. In den Verteiler für den Absorberausgang schrauben wir drei Schlauchverschraubungen ein. Die drei

Rohre am Absorberein- und -ausgang sind auf gleiche Länge zu bringen. Dies geschieht mit einem scharfen Messer, mit dem wir die Rohre möglichst am Wellenberg durchschneiden. Evtl. entstehende Grade an den Rohren müssen entfernt werden. Wie lang die Rohrenden werden sollen, richtet sich nach den Gegebenheiten. Wichtig ist nur, daß die Rippenrohre und der Verteiler so verlegt werden, daß sich kein Luftsack bilden kann, also immer steigend. Gummidichtung mit Schmierseife gängig machen.

5.1.6 Abdeckung

Wir beschreiben hier nur die für den Rippenrohrkollektor übliche Polycarbonatabdeckung. Wer mit Glas abdecken will, erfährt Näheres im Kapitel 5.2.

Bevor mit der eigentlichen Montage der Abdeckung begonnen werden kann, bedarf es noch einer kleinen Vorarbeit. Um die Abdeckung gegen Schneelast

Messing-Verteilersatz

Selbstgebauter Verteiler

abzustützen, müssen in der Kollektor-höhe ca. alle 50 bis 60 cm waagrecht Abstützbretter eingefügt werden. Die 2 cm dicken Bretter werden hochkant zwischen die Absorberrohre gestellt. Die Breite der Bretter richtet sich nach der Kollektorrahmenhöhe minus dem Innenaufbau des Kollektors, das heißt, die Abstützbretter müssen später mit der Kollektorrahmenoberkante (Auflage-fläche der Abdeckung) bündig sein.

Die Bretter werden auf Kollektorinnen-breite abgelängt und auf einer Seite für die Absorberrohrbögen am Kollektor-rand ausgeschnitten. Die Befestigung erfolgt seitlich durch den Kollektorrah-men in die Stirnseite der Abstützbretter. Eine weitere Befestigung ist nicht not-wendig, da die spätere Belastung nur von oben erfolgen wird. Sollte man die Bretter stoßen müssen, (oder für „100%ige") kann man noch von oben durch die ganze Breite der Abstützbret-ter gegen die Dachschalung bzw. Spar-ren lange Nägel schlagen (vorbohren).

Hier sieht man, wie die Rippenrohrbögen niedergebunden werden und wie die waage-rechten Stützbretter anzubringen sind

Jetzt kann mit der eigentlichen Abdeck-arbeit begonnen werden. Der Kollektor-kasten ist von allen Utensilien (Ham-mer, Nägel, Sägespäne ect.) zu säu-bern und die Rippenrohre sollten auf ihre Dichtheit geprüft worden sein.

Achtung: Der Kollektorfühler für die Steuerung der Anlage sollte einige Zen-timeter vor dem Kollektorausgang an einem Rippenrohr befestigt werden. An-legefühler so befestigen, daß er nicht der Sonnenstrahlung ausgesetzt ist (zum Heraklit hin geneigt). Die Zuleitung erfolgt über die Kollektorausgangsöff-nung.

Die hochlichtdurchlässige Hostaphan-folie wird in der Breite von 1 m bzw. 1,1 m angeboten. Die Folie wird bahnen-mäßig von oben nach unten, beginnend im Osten auf den Kollektorrahmen ge-spannt und mit Hilfe eines Klammerap-parates oder mit Reißnägeln befestigt. Die Stoßstellen sollten gut 5 cm über-lappen. Wird die Folie gestückelt, so muß die obere die untere überlappen, damit Kondenswasser nicht in den Kol-lektor fließt.

Der Anlegefühler für die Steuerung und die (etwas groß geratene) Durchführung in den Dachinnenraum

Die Hostaphan-Folie wird festgetackert. Anschließend nageln wir die Abstandsleisten auf den Rahmen

Nun werden 1,5 cm hohe Abstandslatten auf den Kollektorrahmen und die Abstützbretter genagelt (in der jeweiligen Breite der Bretter). Diese Abstandslatten sollten an der Oberseite weiß lakkiert sein, da sie, sollten sie sich durch Feuchtigkeit dunkel verfärben, sonst eventuell den Abdeckplatten schaden könnten. Liegen die Abdeckplatten direkt auf einem dunklen Untergrund auf, können sie unter Umständen vorzeitig altern. Die Abstandslatten bilden jetzt den Zwischenraum für unsere Isolierverglasung.

Die Verlegungsrichtung der Lichtplatten ist die gleiche wie bei der Hostaphanfolie (von Ost nach West). Erste Polycarbonatlichtplatte im Osten auf dem Kollektor auflegen und Profildichtstreifen am oberen und unteren Rand beilegen. Die Profildichtstreifen werden in jedem fünften Profilhügel mit einem Messer V-förmig ausgekerbt, um ein Beschlagen mit Wasserdampf auszuschließen.

Sind alle Platten verlegt, werden auch die Stoßstellen im Bereich der Abstützlatten niedergeschraubt. Befestigungslöcher (4 mm) vorbohren und mit Zubehörschrauben (Spax und Beilagscheibe mit Dichtgummi) befestigen. An den senkrechten Seitenhölzern alle 15 cm niederschrauben, an der Ober- und Unterseite des Kollektors in jedem zweiten Profiltal. Die Platten werden mit einem Profil überlappt (hier jeweils in jedem Profiltal niederschrauben).

Polycarbonatlichtplatten werden standardmäßig in Längen von 2 m, 2,2 m, 3 m, 6 m und mit einer Breite von 1,14 m bzw. 1,21 m vertrieben. Die reine Deckbreite ist 7 cm (ein Profil) geringer. Man spart sich einiges an Kosten, da die Lichtplatten ca. 25% der Kollektorkosten ausmachen, und einige Arbeit beim Zuschneiden (wenn notwendig am besten mit Winkelschleifer mit Metallscheibe und mit Messer entgraten), wenn man sich nach den Standardlängen orientiert. Beträgt die Dachneigung mehr als 20 Grad, kann mit Hilfe der Abdeckung ein Teil der Einblecharbeiten entfallen.

6 m lange Platten sind wegen der thermischen Längenausdehnung kritisch. Sie wellen sich unter Umständen auf dem Dach.

Freistehende Kollektoren

Hier sollten die Lichtplatten an der Ost- und Westseite sowie an der oberen Seite mit dem Kollektorrahmen bündig abschließen. An der unteren Seite sollte die Lichtplatte mindestens 10 cm überstehen.

Beispiel

Polycarbonatplatten
2,2 m x 1,14 m   5 Stück
5x1,14m = 5,70m - 4xProfilüberlappung
à 7 cm = 5,70 m - 4 x 7 cm = 5,42 m

Profildichtstreifen am unteren Kollektorrand

Der erste Kasten wird dicht

Bau des Kollektors

Einfachste Lösung für die obere Dacheinbindung

Perfekte Lösung für die obere Dacheinbindung: Einblechung

Kollektoraußenmaße:
Höhe 2,06 m
14 cm gewünschter Überstand am unteren Kollektorrand
Breite = 5,42 m, bündig mit dem Rahmen

Kollektorinnenmaße:
Höhe 2,06 m - 2 x Rahmendicke (à 3 cm) = 2 m
Breite 5,42 m - 2 x Rahmendicke (à 3 cm) = 5,36 m
Polycarbonatplatten ohne Verschnitt

Integrierter Dachkollektor

Beim Einbau in das Dach sollte die Lichtplatte an der oberen und an der Westseite mit dem Kollektorrahmen bündig abschließen. An der Ost- und unteren Seite sollten die Platten ca.

Einblechung Westseite

Überstand Ostseite

15 cm überstehen. Da die Dachziegel an diesen Seiten am Kollektorrahmen anliegen, reicht bei einer Dachneigung von mindestens 20 Grad dieser Abdeckungsüberstand gegen Wind und Nässe. An der oberen und Westseite sollte die Verkleidung in Blech oder Walzblei ausgeführt werden. Spenglerfachbetriebe führen diese Arbeiten entsprechend gut aus.

Eine Abdichtung durch Überlappung der Dachziegel an der Oberseite des Kollektors (siehe Bild) mit der Abdeckung durch Aufdoppelung der Dachlatten ist nur bei steilen Dächern (mindestens 28 Grad) möglich. Diese Lösung ist aber nicht sehr schön und auch nicht absolut sturmsicher. Spengler erledigen dies besser und sicherer.

Beispiel

Polycarbonatplatten
2,2 m x 1,14 m   5 Stück
5 x 1,14 m = 5,70 m
4 x Profilüberlappung à 7 cm = 28 cm
Deckbreite = 5,42 cm

Kollektoraußenmaße
Höhe 2,06 m
14 cm gewünschter Überstand
am unteren Kollektorrand
Breite 5,42 m - 2 x Profilüberstand
à 7 cm = 14 cm an der Ostseite
5,42 m - 14 cm = 5,28 m

Kollektorinnenmaße
Höhe 2,06 m - 2 x Rahmendicke
(à 3 cm) = 2,06 m - 6 cm = 2,0 m
Breite 5,28 m - 2 x Rahmendicke
(à 3 cm) = 5,28 m - 6 cm = 5,22 m
Da sich die Lichtplatten durch die Profilierung etwas ziehen und schieben las-

sen, kann eine Abweichung des Rahmens von 1 - 2 cm bei einigen Platten leicht ausgeglichen werden. Einfachste Lösung ist, die Lichtplatten auf der Wiese auszulegen und auszumessen. Allerdings mit der Außenseite nach unten, um keinen Schmutz in den Kollektor zu bekommen. So kann auch ohne Plattenverschnitt gearbeitet werden.

5.1.7 Liste der Materialien, Werkzeuge und Arbeitszeiten

Die folgende Liste gilt für eine Rippenrohranlage von ca. 10 m² nach den oben aufgeführten Maßen (integrierter Dacheinbau und Polycarbonat- Lichtplattenabdeckung). Sie kann als Anhaltspunkt für ähnliche Anlagengrößen herangezogen werden, aber selbstverständlich muß für jede Solaranlage eine eigene Materialliste erstellt werden.

Der Zeitaufwand ist wesentlich abhängig vom fachlichen Können und der Arbeitsvorbereitung. Die Angaben stellen nur einen groben Mittelwert dar und dienen zur Orientierung. Lieber mehr Zeit einplanen. Die meisten Arbeiten werden zu zweit am besten und schnellsten erledigt. Eine gute Planung ist fast schon das halbe Werk.

Material

15 m	Rahmenhölzer 11 x 3 cm (je nach Dachaufbau Höhe verschieden)
10,5 m	Abstützbretter 9,5 x 2 cm
11 m²	Holzwolleleichtbauplatten (Heraklith) 1,5 cm dick
11 m²	Casanett-Gitter 50,8 x 25 mm
5 l	Dispersionsfarbe schwarz
100 Stk.	Heraklitnägel 40 mm
20	Nägel 150 mm für Rahmenholz
10	Nägel 130 mm für Abstützbretter
100	Nägel 40 mm für Abstandslatten
15 m	Abstandslatten 1,5 x 3 cm
10,5 m	Abstandslatten 1,5 x 2 cm
210 m	Rippenrohr
10 m	Hostaphanfolie 1,10 m breit
5	Polycarbonat-Lichtplatten 2,2 m x 1,14 m
180	Schrauben mit Dichtscheiben für Lichtplatten
10,5 m	Profildichtstreifen
1	Messingverteilersatz komplett
15 m	Kunststoffschnüre (oder ca. 75 Kabelbinder)
11 m²	Isoliermaterial für Kollektorrückseite
1	Anlegefühler für das Temperaturdifferenzsteuergerät Einblechmaterial nach Gegebenheiten

Die Kosten für das gesamte Material betragen zur Zeit (1991) ca. 1700 DM ohne Mwst. (170 DM/m²). Nicht eingerechnet wurde das Einblechmaterial. Bei Hausneubauten kann man 10 m² Dachplatten als Ersparnis verbuchen.

(Material für Kollektorkreislauf usw. siehe Installation)

Werkzeug

Handsäge oder Handkreissäge
Handlochsäge oder Stichsäge
Hammer
Bohrmaschine mit Eisenbohrern
Messer
Zollstock oder Maßband
Seitenschneider oder Flechterzange
Handtacker mit Klammern
Kreuzschlitzschraubendreher
oder Akkuschrauber
Rückenspritze,
anderes Spritzgerät (notfalls Pinsel)
Winkelschleifer zum Schneiden
der Lichtplatten, wenn nötig

Arbeitszeit

Dachfläche herrichten,
Rahmen montieren 4 h
Casanett-Gitter vorbereiten 3 h
Heraklitplatten und
Gitter einbauen, Fläche spritzen 4 h
Rippenrohre einlegen und
befestigen 5 h
Durchführung erstellen,
Verteiler anschließen 2 h
Hostaphanfolie und
Zwischenlattung aufbringen 1 h
Lichtplatten montieren 2 h

5.2 Metall-Absorber-Kollektor

Als Absorber (Sammler) werden hier meist Kupferstreifen mit eingewalzten oder aufgelöteten Kupferrohren verwendet oder Aluminiumstreifen mit speziell eingewalzten Kupferrohren (z. B. Sunstrip).

Diese Absorberstreifen werden entsprechend der benötigten Fläche aneinandergereiht und mit Sammelrohren untereinander verbunden. Es gibt auch vorgefertigte, zu Gruppen zusammengelötete Absorbertafeln oder anstelle der einzelnen Streifen auch ganze Absorbertafeln.

Einige Industriekollektorabsorber sind ähnlich den Solarflex-Kupfer oder Sunstrip-Absorbern gebaut.

Anhand dieser zwei Absorber soll beispielhaft der Bau von Selbstbau- Metall-Kollektoren erklärt werden.

5.2.1 Absorber

An die vorgefertigten einzelnen Absorberstreifen werden die Verteilerrohre angelötet.

Je länger die Absorberstreifen sind (bis zu 6 m werden angeboten), um so weniger Verteileranschlüsse braucht man bei gleicher Kollektorfläche. Da der Absorber sowohl waagrecht als auch senkrecht angeordnet werden kann, sind große Streifenlängen kein Problem. Für Schwerkraftbetrieb sind allerdings nur senkrecht montierte Absorber geeignet.

Die nachfolgenden vier Absorberverlegungen bzw. Streifenanordnungen sind typisch. Die einzelnen Angaben gelten für den Sunstrip-Absorber.

Links
Sun-Strip

Rechts
Ganz-Kupfer

Senkrechte Streifenverlegung mit Sammelrohr

Maximal sind 12 Streifen parallel möglich. Bei einer Streifenlänge von 5,5 m beträgt die Absorberfläche ca. 7,5 m².
Ein großer Sammelrohrdurchmesser ist nötig (28 mm).
Die Anlage ist schwer erweiterbar.
Der fertiger Absorber ist schwierig auf das Dach zu transportieren, (1,5 x 5,5 m).
Der Absorber ist für Schwerkraftbetrieb geeignet.
Die Glaseindeckung ist schwierig anzubringen, da senkrechte Zwischenrahmenhölzer fehlen.

Senkrechte Streifenverlegung mit einzelnen Absorbereinheiten

Optimal sind vier bis fünf Streifen pro Absorbereinheit (abhängig von der Glasscheibenbreite).
Das Verteilerrohr der Absorbereinheiten hat 18 mm Durchmesser.
Der Durchmesser des Sammelrohres ist abhängig von der Kollektorfläche.
Der Kollektor ist gut erweiterbar, große Flächen sind möglich.
Die Absorbereinheit ist leicht zu transportieren.
Die einzelnen Absorberstreifen können in der Werkstatt verlötet werden. Nur die kompletten Absorbereinheiten werden auf dem Dach an das Sammelrohr gelötet.
Die Anlage ist für Schwerkraftbetrieb geeignet.

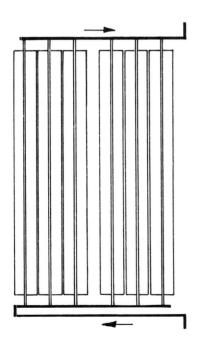

Senkrechte Streifenverlegung mit Sammelrohr und Tichelmannschleife

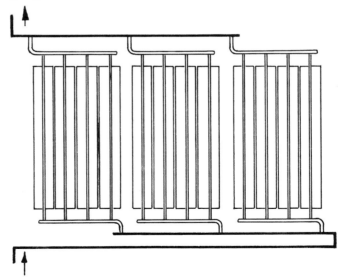

Senkrechte Streifenverlegung mit einzelnen Absorbereinheiten und Tichelmannschleife

Waagrechte Streifenverlegung mit Sammelrohr

Maximal sind 12 Streifen parallel möglich.
Bei einer Streifenlänge von maximal ca. 5,5 m beträgt die Absorberfläche ca. 7,5 m²
Ein großes Sammelrohr mit 28 mm Durchmesser ist nötig.
Die Anlage ist schwer erweiterbar (außer durch Parallelschaltung einer gleichgroßen Einheit).
Der fertige Absorber ist schwierig auf das Dach zu bringen.
Die Glaseindeckung ist wegen der geringen Kollektorhöhe einfach.
Der Kollektor hat ein gutes Erscheinungsbild, da er breiter als hoch ist.
Ideal für freistehenden Kollektor.

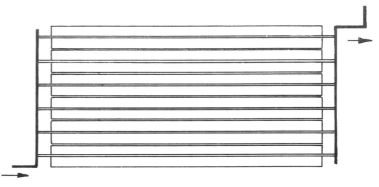

Waagerechte Streifenverlegung mit Sammelrohr

Waagrechte Streifenverlegung mit einzelnen Absorbereinheiten

Empfehlenswert sind vier bis fünf Streifen pro Einheit.
Das Verteilerrohr hat 18 mm Durchmesser.
Der Sammelrohrdurchmesser ist von der Gesamtkollektorfläche abhängig.
Der Kollektor ist gut erweiterbar.
Die Absorbereinheiten sind leicht transportierbar.
Nur die Verlötung der einzelnen Absorbereinheiten muß auf dem Dach gemacht werden.
Ideal für Kunststoffabdeckung.

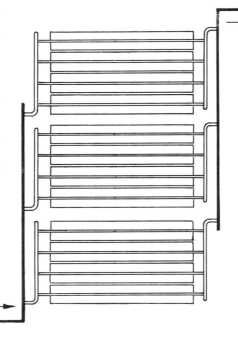

Waagerechte Streifenverlegung mit einzelnen Absorbereinheiten

Der Durchmesser des Verteilerrohres richtet sich nach der Anzahl der Absorberstreifen und dem Durchmesser des Rohres im Absorberstreifen. Die Rohre in Solarflex-Kupfer oder Sunstrip-Streifen haben beim Kupferkollektor einen Querschnitt von 95 mm², beim Sunstrip-Kollektor von 50 mm². Der Querschnitt des Verteilerrohres sollte (fast) so groß sein wie der Querschnitt aller angeschlossenen Absorberstreifenrohre.

Folgende Tabelle zeigt, welche Anzahl von Streifen welchen Verteilerrohrdurchmesser bedingt:

1. Anzahl der Absorberstreifen
2. Durchmesser des Verteiler-Rohrquerschnitt
3. Lichter Verteiler-Rohrquerschnitt

1.	2.	3.
bis 5 Streifen	18 mm	201 mm²
bis 7 Streifen	22 mm	314 mm²
bis 12 Streifen	28 mm	531 mm²

In der Praxis hat es sich als vorteilhaft erwiesen, nur vier Absorberstreifen (oder fünf bei 730 mm Glasabdeckbreite) zu einem Verteilerrohr (18 mm) zusammenzulöten. Manche Firmen liefern auf Wunsch die Absorberstreifen bereits verlötet.

Diese Elemente (ca. 55 cm breit und 2 bis 6 Meter lang) können leicht auf das Dach befördert und mit einem Sammelrohr zu einem Kollektor verbunden werden.

Die Verteilerstücke kann man vorgefertigt beziehen oder aus einzelnen T-Stücken, Rohrabschnitten und Bögen zusammenlöten.

Die Solaranlage kann hart- oder weichgelötet werden. Wofür man sich entscheidet, hängt davon ab, über welche Lötgeräte man verfügt (Lötpistole oder Gas-Sauerstoff-Brenner). Sunstrip-Absorberstreifen müssen mit Weichlot an die Verteiler gelötet werden.

Achtung: Wenn Flußmittel verwendet wird, so muß man es nach dem Löten außen restlos mit Seifenlauge abwischen, da sonst die aggressiven Flußmittelbestandteile unser Kupferrohr korrodieren lassen.

Die Abstände zwischen den Verteileranschlüssen sollten so bemessen sein, daß sich die Absorberstreifen entweder ca. 5 mm überlappen oder einen Abstand von derselben Breite haben. Die Absorberstreifen sollten nicht stumpf aneinanderliegen, da es bei Wärmeausdehnung zu unangenehmen Materialgeräuschen kommen könnte.

Sind die Kollektorelemente soweit vorgefertigt, bringen wir im Abstand von etwa 1 bis 2 m Streifen aus dem Metall, aus dem der Absorber besteht, quer zu den Absorberstreifen an, um sie auf Abstand zu halten und zu stabilisieren. Die Streifen werden auf der Rückseite des Absorbers entweder mit Blindnieten oder Blechschrauben befestigt. Liegen die Absorberstreifen waagrecht, sollte der Abstand zwischen den Querstreifen nur einen Meter betragen, damit die Absorberstreifen nicht durchhängen. Bei senkrechten genügt ein Abstand von 2 m. Pro Stabilisierungsstreifen sollte nur eine Befestigung je Absorberstreifen angebracht werden, um das Kollektorelement bei Bedarf leicht in sich verschieben zu können.

5.2.2 Rahmen und Installation der Absorber

Bei den Anbietern von Metallabsorbern ist es üblich, den Kollektor mit Glas abzudecken. Da auch die Abdeckung mit Kunststoff möglich ist, wollen wir beide Arten der Abdeckung beschreiben. Der Rahmen ist je nach Abdeckmaterial natürlich recht unterschiedlich.

Bei der Abdeckung mit Glas sollten die Abstände des Kollektorrahmens zu den Ziegeln oben mindestens 6 cm betra-

Oben: Vorgefertigter Verteiler
Unten: Selbstbau aus Cu-Fittings und -Rohren

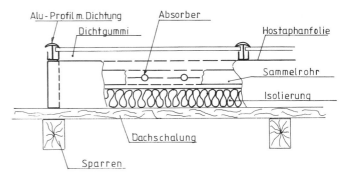

Schnitt durch den Kupferabsorber mit Glasabdeckung

gen, unten ca. 1 cm und seitlich jeweils mindestens 2 cm, um eine seitliche Dacheinbindung z. B. mit verzinntem Bleiblech, verzinktem Blech oder Kupferblech vornehmen zu können (Material der Dachrinne beachten, wegen dem elektrolytischen Element: Batterieeffekt:Korrosion).

Die Rahmenhöhe richtet sich nach dem Material der Dachabdeckung und nach der Einblechung. Die Höhe der Dachabdeckung unterhalb des Kollektors gibt die Mindestrahmenhöhe vor. Die Höhe des Rahmens muß aber mindestens 3,5 cm für den Absorber plus die Dicke der Isolierung betragen. Ein Beispiel: Isolierung 5 cm dick. Rahmenhöhe mindestens 8,5 cm.

Die Maße des Kollektors selbst richten sich nach der benötigten Fläche und der Absorberstreifenlänge. Ein eher breiter Kollektor wirkt schöner als ein hoher.

Da es sinnvoll und einfacher ist, die Verteiler und Sammelrohre im Kollektorkasten zu verlegen, muß zur Länge der Absorberstreifen der Platzbedarf für Verteiler und Sammelrohre gerechnet werden. Die gesamte Absorberlänge ergibt sich aus der Streifenlänge zuzüglich den beiden Verteileranschlüssen plus 2 x Sammelrohrleitung. Ein Beispiel: 3,66 m Sunstrip + 2 x 4 cm Verteiler + ca. 2 x 9 cm Sammelrohr = 3,92 m. Dabei sind 1 - 2 cm für die Materialausdehnung des Kollektors bei Erwärmung berücksichtigt.

Die Absorberbreite errechnet sich aus der Streifenbreite x Anzahl der Streifen abzüglich der jeweiligen Streifenüberlappung (bzw. plus Abstände).

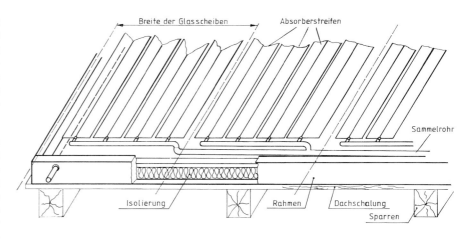

Absorberverlegung mit Kollektorkasten

Wenn es die Abdeckelemente zulassen, ist es sicher nicht von Nachteil, den Rahmen etwas größer als unbedingt nötig zu machen. Dann geht es beim Absorbereinbau nicht um jeden Millimeter.

Rahmen für senkrechte Absorberverlegung mit Glasabdeckung

Da Glasscheiben nicht unendlich groß in einem Stück verlegt werden können (Belastbarkeit, Transport, Kosten), siehe auch Kapitel 5.2.3, ist es zweckmäßig, 60 cm bzw. eventuell 73 cm breite Glasscheiben zu verwenden.

Die Kollektorhöhe (Innenmaß) ist durch die Länge der Absorberstreifen + Verrohrung gegeben.

Die Breite eines Kollektorfeldes mit 4 Absorberstreifen und Glasscheiben mit 60 cm Breite beträgt innen 57,5 cm, wobei die 4 Streifen nicht breiter als 56,5 cm sein dürfen. Bei Scheiben mit 73 cm Breite und 5 Absorberstreifen im Kollek-

tor beträgt die lichte Rahmenweite 70,5 cm, die Breite des Absorberelementes 69,5 cm.

Als Rahmenholz werden 4 cm dicke und entsprechend dem Dachaufbau 8 - 10 cm breite Bretter verwendet. Der Abstand zwischen den Rahmenhölzern von Mitte zu Mitte berechnet sich aus der Breite der Glasscheiben plus 1,5 cm.

Beispiel:

Ca. 12 m² Kollektorfläche
Absorberstreifenlänge 3,66 m (Sunstrip)
Glasscheibenbreite 60 cm
= Kollektorelement mit 4 Streifen
(56 cm breit, 3,66 m lang = 2.05 m²)
5 Kollektorelemente = 2,05 m² x 5
= 10,25 m² Absorberfläche
Kollektoraußenmaße:
4,0 m Höhe, 3,115 m Breite
Bruttokollektorfläche 12,46 m²
Die verschiedenen Absorber werden nur dann gleichmäßig durchflossen,

wenn die Leitungswege und Strömungswiderstände bei allen gleich sind. Um dies zu erreichen, wird eine sogenannte Tichelmannschleife eingebaut (siehe Abbildung). Die Rohrrückführung kann im Kollektorkasten oder außerhalb (z. B. im Dachraum) erfolgen. Bei Rückführung im Kollektorkasten muß dieser mindestens 7 cm höher sein.

Sind die Kollektormaße klar, werden die Dachziegel abgedeckt und entsprechend den Kollektoraußenmaßen die Dach- und Luftlatten entfernt.

Die Dachschalung mit der Dachpappe wird als Boden für den Kollektor verwendet. Ist keine Dachschalung vorhanden, so werden an die Sparren seitlich Dachlatten angebracht und Schalungsbretter zwischen den Sparren auf die Dachlatten genagelt, so daß sie bündig mit der Sparrenoberkante abschließen. Die ganze Fläche wird mit Dachpappe ausgelegt.

Nun werden die Rahmenhölzer aufgenagelt. Die Zwischenrahmenhölzer werden auf eine Länge von mindestens 15 cm am oberen und unteren Ende bis auf eine Resthöhe von 4 cm ausgeschnitten, um hier die Sammelrohre durchführen zu können. Die Bretter werden so befestigt, daß die Aussparungen oben liegen.

Die Kollektorisolierung wird in den Rahmen auf die Dachpappe oder -folie gelegt. Als Isoliermaterial eignen sich Schaumgasplatten (40 mm), (FCKW-freie) PU-Hartschaumplatten (40 mm) mit beidseitiger Aluminiumkaschierung oder alukaschierte Mineralwolle (50 mm). Da die ersten beiden Materialien druckstabil sind, kann hier die ganze Kollektorfläche ausgelegt werden und können die Zwischenrahmenhölzer erst anschließend montiert werden. Dies spart viel Zuschnitt-Arbeit. Die Zwischenrahmenhöhe beträgt hier nur Außenrahmenhöhe minus Dicke des Isoliermaterials.

Andere Isolierstoffe sollten auf ihre Temperaturbeständigkeit überprüft werden und auf jeden Fall mit einer Alu-Folie abgedeckt werden (Reinalufolie 0,04 mm, Rollenbreite 1 m). Nicht geeignet sind Styropor oder ähnliches.

Als nächster Schritt werden die Absorberelemente in den Rahmen gelegt und ausgerichtet. Auf gleichen Abstand zum Rahmenholz links und rechts achten! Die Sammelrohrleitungen für den Kollektor- Vor und -Rücklauf werden exakt ausgemessen. Die Fertigung der Sammelrohre kann risikolos zu ebener Erde erfolgen, so daß die fertigen Sammelrohre nur auf dem Dach an die Verteilerbögen angelötet werden müssen. Die Absorberelemente werden dazu alle einseitig angehoben und darunter über die gesamte Kollektorbreite eine Dachlatte geschoben, so daß die Lötstellen genügend Abstand zu brennbaren Materialien haben.

Sind die Sammelrohre komplett verlötet, wird das obere z. B. mit einem Lochband, welches am Rohr mit Filz oder ähnlichem unterlegt sollte, gegen das obere Rahmenholz geschraubt. Dem Rohr wird dabei eine leichte Steigung von ca. 1% (1 cm pro m) Richtung Rücklauf gegeben. Als Befestigungspunkte reichen pro Feld die T-Stück-Abgänge zum Verteilerrohr. Die Verteilerrohre samt Absorberstreifen rückt man nun ebenso leicht steigend zum Sammelrohranschluß in Position.

Damit liegen automatisch auch die unteren Verteilerrohre und das Sammelrohr (Kollektorvorlauf) in richtiger Lage. Luftansammlungen sind ausgeschlossen bzw. eventuell auftretende Luft kann ungehindert durch die Rohre und Absorber hindurch zum Kollektorrücklaufrohr entweichen, wo am höchsten Punkt (im Dachinnenraum) ein Automatik-Entlüfter montiert wird.

Unteres Sammelrohr mit Absorberelementen

Bau des Kollektors

Oberes Sammelrohr

Querstege für die Befestigung der Kunstoffabdeckung

Durch diese Aufhängungsart kann sich der Absorber nach unten ausdehnen (Wärmeausdehnung ca. 3 mm pro m). Entsprechend muß zwischen unterem Sammelrohr und Rahmenholz Spielraum sein.

Rahmen für senkrechte Absorberverlegung mit Polycarbonatplatte

Der Aufbau des Kollektors ist der gleiche. Jedoch benötigen die Polycarbonat-Platten Querleisten im Abstand von ca. 60 cm. Man schneidet hierzu die innenliegenden Rahmenhölzer (am besten vor der Montage) an den entsprechenden Stellen aus. An den zwei Seitenrahmenteilen genügt ein stumpfes Anlegen (mit Nägeln befestigen).

Die Querleisten müssen, bedingt durch die relativ eng liegenden senkrechten Rahmenhölzer, nur ca. 20 x 30 mm dick sein.

Rahmen für waagrechte Absorberverlegung mit Glasabdeckung

An jedem Kollektor, der breiter als hoch ist, lassen sich die Arbeiten einfacher, schneller und sicherer bewerkstelligen.

Im Gegensatz zur Senkrechtbauweise werden hier bei kleinen Kollektorflächen alle Absorberstreifen an einem Verteilerrohr (Durchmesser 28 mm, max. 12 Streifen) angelötet.

Beispiel:

Ca. 10 m² Kollektorfläche
Absorberstreifenlänge 5,49 m (Sunstrip)
12 Streifen:
Absorberbreite mindestens 1,64 m
Absorberfläche 1,64 m x 5,49 m = 9 m²
Kollektorinnenmaß: Höhe = 164 cm +

1% Steigung (bei 5,5 m = 5,5 cm) = 169,5 cm, Breite = 5,49 m Streifenlänge + 2 Verteiler à 4 cm = 5,57 m
Kollektoraußenmaß: Höhe = 1,78 cm
Breite = 5,65 m
Bruttokollektorfläche 10,05 m²

Wie später beschrieben, werden die Glasplatten mit Alu-T-Profilen befestigt. Beim Kollektor mit senkrecht liegenden Absorberstreifen werden diese Alu-Profile auf die senkrechten Rahmenhölzer geschraubt. Auch beim Kollektor mit waagrecht liegenden Absorberstreifen verlaufen die Alu-T-Profile senkrecht, um eine absolute Dichtheit der Abdeckung zu gewährleisten.

Bei 60 cm breiten Scheiben ist das Mittelmaß von Profil zu Profil 61,5 cm, bei 73 cm breiten Scheiben 74,5 cm.

48

Bei unserem Beispiel ergäben 9 Scheiben mit 60 cm Breite nebeneinander ein Kollektorinnenmaß von 549,5 cm (zu klein) und 10 Scheiben 611 cm (mehr als 50 cm zu viel). 8 Scheiben mit 73 cm Breite ergäben 592 cm.

Man kann nun wählen, ob man den Kollektorkasten größer macht als nötig, oder ob man die Scheiben zuschneidet oder schneiden läßt. Bei einem gewünschten Innenmaß des Kollektors von 5,65 m (etwas Spielraum schadet nicht) ergibt das eine Scheibenbreite von 55,4 cm bei 10 Scheiben.

Nun wird der Rahmen gebaut. Wir benötigen nur zwei Rahmenhölzer seitlich und zwei oben und unten. Die Fläche wird mit Isolierung ausgekleidet.

Wir legen den fertig verlöteten Absorber mit den Versteifungsstreifen ein und richten ihn so aus, daß die Absorberstreifen eine leichte Steigung zum Kollektorausgang (Rücklauf) haben. Im Bereich der Versteifungsstreifen fixieren wir den obersten Absorberstreifen zum Beispiel mit Hilfe eines Lochbandes am oberen Rahmenholz. Die beiden Sammelrohre sollten ebenfalls am oberen Rahmenholz befestigt werden.

Die Alu-T-Profile gewährleisten, besonders bei flachen Dächern von mehr als 1,5 m Länge ohne Unterbau, keine sichere Stabilität. Wir müssen sie deshalb in der Mitte unterstützen. Dazu setzen wir etwa auf halber Kollektorhöhe (zwischen sechstem und siebtem Streifen) Holzstücke mit 4 cm x 4 cm und Rahmenhöhe. Zuerst zeichnen wir die Lage der einzelnen T-Profile und entsprechend der Stützhölzer an. Dann schneiden wir die Absorberstreifen (genauer die Wärmeleitbleche) an diesen

Stellen mit der Blechschere aus (ca. 1,5 cm größer) und entfernen die Isolierung mit einem Messer. Wir bohren die Holzstücke vor, setzen sie ein und nageln sie fest.

Man kann diese Arbeit auch machen, bevor man den Absorber in den Kollektor legt. Wegen der leichten Steigung des Absorbers ist es aber schwierig, die Stellen, an denen der Absorber ausgeschnitten werden muß, genau festzulegen.

Bei größeren Kollektorflächen mit waagrechtliegenden Absorberstreifen wird genauso verfahren wie bei senkrechtem Einbau.

Die Streifen werden zu Absorberteilflächen mit einem Verteilerrohr zusammengelötet und zwischen den Absorberelementen werden Rahmenhölzer montiert. Die Beschreibung des Rahmens für den senkrecht verlaufenden Absorber trifft hier auch zu – allerdings um 90° gedreht und mit einigen Besonderheiten.

Da die Absorberstreifen leicht steigend verlegt werden müssen, sind die Rahmenhölzer entweder auch leicht steigend zu montieren oder der Abstand zwischen ihnen ist um 4 bis 5 cm zu erweitern. Da die Rahmenhölzer die Aluprofile an den Kreuzungspunkten nur stützen, ist es nicht nötig, daß sie so exakt befestigt werden wie beim senkrechten Rahmen.

Die einzelnen Absorberelemente müssen jeweils an den quer oberhalb liegenden Rahmenhölzern befestigt werden, damit sie nicht durchhängen.

Rahmen für waagrechte Absorberverlegung mit Polycarbonatplatten

Auch hier benötigen wir Querleisten, um die Lichtplatten tragfähig zu machen.

Sind die waagrecht liegenden Absorberstreifen zu Gruppen zusammengefaßt und zwischen den Gruppen Rahmenhölzer montiert, so sind keine zusätzlichen Querleisten erforderlich, wenn die Rahmenhölzer nicht mehr als 80 cm auseinander liegen.

Ist der Abstand größer, so müssen zusätzliche Querleisten montiert werden. Diese Querleisten werden auf Stützhölzchen genagelt, die genauso angebracht werden, wie bei der Glasabdeckung beschrieben. Sie bedürfen keines exakten Abstandes zueinander (ca. 60 cm), müssen aber genau in einer Linie liegen, damit die Querleisten aufgenagelt werden können. Auch hier werden die Absorberbleche ausgeschnitten und die Isolierung wird entfernt, um die Stützhölzer montieren zu können.

5.2.3 Absorberanschluß

Der Querschnitt der Kollektor- Vor- und -Rücklaufleitung vom Speicher (Wärmetauscher) zum Kollektor ist von der Kollektorgröße abhängig. Bis 10 m² Kollektorfläche sollten Cu-Rohre mit 18 mm ø, bei Flächen von 10–20 m² mit 22 mm ø und bei 20–40 m² Cu-Rohre mit 28 mm ø verlegt werden.

Bau des Kollektors

Die Rohre müssen permanent steigend (1% genügt) bis zum Kollektor geführt werden. Entsprechend der Gegebenheiten wird im linken oder rechten unteren Eck des Kollektorkastens ein Durchgang ausgeschnitten und der Kollektorvorlauf mit dem unteren Sammelrohr verbunden. Ebenso schneiden wir am oberen Kollektorrand eine Öffnung, durch die wir das obere Sammelrohr steigend in den Dachraum führen. Hier wird am höchsten Punkt ein Großentlüfter (Selbstentlüfter) oder Handentlüfters installiert und die Kollektorrücklaufleitung eingebunden. Die Durchführungen können ruhig reichlich ausgeschnitten und später wieder mit Isoliermaterial geschlossen werden.

Grundsatz: Alle Leitungen sind so zu verlegen, daß die Luft am höchsten Punkt durch einen Großentlüfter entweichen kann.

Der Durchmesser der Verteilerrohre bei mehreren Absorberelementen richtet sich nach der Anzahl der jeweils ange-

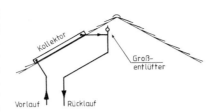

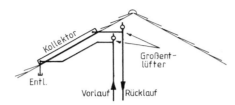

Die Rohre des Solarkreislaufes sind bis zum Großentlüfter stets steigend zu verlegen.

Oben: Normalfall

Unten:
Muß eine Strecke fallend verlegt werden, so sind eine zusätzliche Entleerungsmöglichkeit und ein zusätzlicher Entlüfter einzubauen

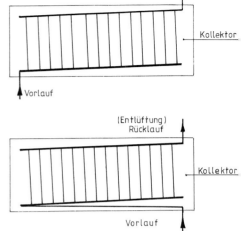

Verschiedene Anschlumöglichkeiten je nach Gegebenheiten

Obere Durchführung und Thermofühler

löteten Streifen. Das Sammelrohr hat denselben Querschnitt wie die Vor- und Rücklaufleitung.

Bei Absorbern, die nicht aus mehreren Elementen bestehen, werden die Absorberstreifen direkt in das Sammelrohr eingelötet. Da hier das Sammelrohr eigentlich ein Verteilerrohr für die Absorberstreifen ist, richtet sich die Dimensionierung nach der Streifenzahl (z.B. 12 Streifen = 28 mm Rohr). Da solche Kollektoren eine maximale Fläche von 10 m² (bei 5,5 m Streifenlänge) aufweisen, reicht eine Kollektorkreislaufleitung mit 18 mm ¢. Die Sammelrohre werden entsprechend reduziert. Dies kann noch im Kollektorkasten oder unmittelbar außerhalb des Rahmens erfolgen.

Ist der Solarkreislauf komplett installiert, so kann die Anlage gefüllt werden und der Absorber samt Verteiler und Sammelrohren auf eventuelle Undichtigkeiten überprüft werden. Sollte der Solarkreislauf erst später installiert werden, müssen im Dachinnenraum provisorische Anschlüsse zum Abdrücken der Anlage eingebaut werden.

Am oberen Sammelrohr (Rücklauf) befestigen wir den Thermofühler für das Temperaturdifferenz-Steuergerät und zwar zwischen dem vorletzten und letzten Anschluß der Verteilerrohre, oder, falls es nur ein Verteiler/Sammelrohr gibt, zwischen vorletztem und letztem Anschluß der Absorberstreifen. Der Thermofühler wird so angeklemmt, daß er nicht direkt der Sonne ausgesetzt ist. Der Kollektorkasten wird gesäubert. Als i-Tüpfelchen können die blanken Cu-Rohre noch mit Solarlack (oder schwarzer hitzebeständiger Farbe) bepinselt werden.

5.2.4 Abdeckung

Normalerweise reicht bei selektiv beschichteten Absorbern eine einfache Abdeckung. Zwei Gründe sprechen allerdings für Hostaphan- Folie als zweite Schicht. Deckt man den Kollektor mit Kunststoffplatten ab, so muß die Folie die Abdeckplatten gegen zu starke Hitze schützen. In der Übergangszeit bringt die zusätzliche Isolierung auch einen Energiegewinn, der die etwas

Hostaphan-Folie

geringere Licht- und Strahlendurchlässigkeit mehr als ausgleicht.

Entscheidet man sich für die zusätzliche Abdeckung mit Folie, so wird die Hostaphanfolie jetzt Bahn für Bahn über die einzelnen Felder gelegt und am Rahmenholz festgetackert. Am besten beginnt man am rechten Rand (Osten) von oben nach unten und deckt so Feld für Feld zu. Die Überlappungen der Folie (ca. 5–10 cm) sollte nach Möglichkeit auf Zwischenrahmenhölzern oder Querleisten zu liegen kommen. Die Folie sollte gut gespannt und somit faltenfrei verlegt werden. Sie ist an allen Stellen gegen das Rahmenholz bzw. Querleisten gut festzutackern.

Der weitere Aufbau der Abdeckung kann nun, wie in den folgenden Seiten beschrieben, mit Glas- oder Polycarbonatplatten erfolgen.

Kollektorabdeckung mit Glas

Die Verglasung erfolgt mit Techniken, die sich schon lange im Gewächshausbau bewährt haben.

Auf Glaseinbindung z. B. mit verzinkten T-Eisen oder Hartholz-T-Profilen wollen

wir nicht eingehen, da sich Alu-T-Profile mit den dazugehörigen Gummiprofilbändern gut bewährt haben und von Anfang an eine sichere und dichte Abdeckung darstellen.

Als Glas wird meist normales Gartenglas verwendet, das in den Normgrößen 600 mm und 730 mm Breite sowie 1 m, 1,43 m und 2 m Länge erhältlich ist. Die Glasdicke beträgt in der Regel 4 mm (nicht besonders hagelsicher). Die Optik der Glasfläche kann unter Umständen durch entspiegeltes oder genörpeltes Glas verbessert werden.

Sicherheitsglas ist vorgespannt und eisenarm, aber teurer als Gartenglas. Es hat sich im Kollektorbau angeblich gut bewährt. Eigene Erfahrungen haben wir damit aber nicht gemacht.

Gut zu verarbeiten sind Glasscheiben von 600 mm Breite und 1 m Länge. Das Glas ist bei dieser Breite noch sehr stabil und alleine leicht zu transportieren.

Bevor das Glas mit den Alu-T-Profilen befestigt werden kann, muß die untere bzw. müssen eventuell auch die seitlichen Einblechungen angebracht werden. Spengler führen diese Arbeiten sicher und gut aus. Durch entsprechende Falzungen können sie verzinktes Stahlblech oder Kupferblech verwenden. Heimwerker sind auf das umstrittene Bleiblech angewiesen.

Die untere Einblechung wird immer vor den Aluprofilen angebracht. Sie wird auf dem unteren Rahmenholz angenagelt und am unteren Ende der Dacheindeckung angepaßt. Sie muß links und rechts so weit über den Kollektor hinausgehen, daß die seitlichen Bleche vollständig über die untere Einblechung überlappen können (wie bei einer Kamineinblechung).

Besteht die seitliche Einblechung aus verzinktem Blech oder aus Kupferblech, so kann sie entweder auch unter den Aluprofilen am Holzrahmen befestigt oder später an die T-Profilschiene gebogen werden, die dann auf der einen Seite die Blecheindeckung und auf der

anderen die erste Glasscheibe aufnimmt. Mit dem später angebrachten Profilgummiband wird dann gleichzeitig die Blecheindeckung und die Glasscheibe abgedichtet.

Besteht die seitliche Einblechung aus Blei, so wird sie grundsätzlich auf den Rahmen und unter die Alu-Profile montiert.

Die Arbeiten müssen mit größter Sorgfalt ausgeführt werden, da kaum etwas unangenehmer ist als ein undichtes Dach.

Nach den Einblechungen werden die Profilschienen montiert.

Am unteren Ende der Profilschienen montieren wir kleine Alu-Winkel mit Schaumgummipolstern, die verhindern, daß die Glasscheiben nach unten wegrutschen können (anschrauben oder -nieten).

Liegen die Profilschienen vollständig auf Rahmenhölzern auf, so werden sie alle 40 cm wechselseitig vorgebohrt. Liegen sie nur auf Stützen oder auf

Querleisten auf, so müssen sie natürlich dort vorgebohrt werden, wo sie aufliegen.

Montiert werden die Schienen genau im Abstand von Glasbreite plus 1,5 cm, gemessen von Mitte zu Mitte. Erlaubt ist nur eine Toleranz von zwei bis drei Millimetern (eventuell Holzlehre herrichten).

Da die Alu-T-Schienen 3,5 cm breit sind und die Rahmenhölzer 4 cm, kann die Lage der Rahmenhölzer ohne weiteres bis zu einem Zentimeter von der Lage der Alu-T-Profile abweichen, ohne daß die Auflage leidet. Stimmen muß aber auf alle Fälle die Lage der Profile.

Unter die Schienen, unter denen die Einblechung montiert ist, müssen Dichtbänder geklebt werden, bevor sie montiert werden können (Zellgummiband 10 mm x 4 mm oder ein anderes wasserabweisendes Band). Nicht nötig ist dieses Dichtband, wenn die Einblechung wie die Glasscheiben oben am T-Profil befestigt wird.

Die Schienen schließen am oberen Kollektorrahmen mit der Außenkante bündig ab. Angeschraubt werden sie mit Spax-Schrauben 3,5 x 30 durch die vorgebohrten Löcher.

Um bei sehr hohen Kollektoren im mittleren Teil arbeiten zu können, ohne den Absorber zu beschädigen, legt man eine Leiter auf den Kollektorkasten. Durch Querlatten und Dachhaken o. Ä. wird sie gegen Abrutschen gesichert.

Der untere Überstand der Profilleisten von 2 cm dient dazu, daß Wasser nicht zwischen Glasplatten und Einblechung eindringen kann. Um die Glasplatten gegenüber dem oberen und unteren Rahmen abzudichten, kleben wir jeweils

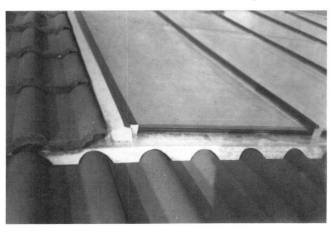

Untere Einblechung

*So wird
die Leiter
gesichert*

*Lage der Glasplatten
auf dem T-Profil,
gegen Rutschen durch
Alu-Halter gesichert*

zwischen die Profilschienen Hohlprofilgummistreifen (oder ein ähnliches wasserabweisendes Material) mit Hilfe von Pattex oder Silikon.

Die Glasplatten werden nun Feld für Feld von unten nach oben eingelegt. Die erste Platte stößt an die Aluwinkel mit der Gummiauflage. Zwischen erste und zweite Scheibe wird zur Abdichtung eine Alu-Leiste mit H-Profil geschoben, welche vorher leicht beidseitig mit Silikon versehen wird, um absolut dicht zu werden. Die folgenden Scheiben werden in der gleichen Art und Weise angebracht.

Oben schließt die Glasabdeckung mit der Kollektoraußenkante ab (Scheiben bei Bedarf zuschneiden).

Zur Befestigung und Abdichtung der Scheiben drücken wir nun ein spezielles Profilgummiband über die Alu-T-Schiene. Dazu biegen wir den Gummi mindestens 90° hoch und rollen ihn vorwärts ab. Ist der Gummi bei kalten Temperaturen recht starr, wärmen wir ihn im Wasserbad auf. Stimmt seine Lage nicht, so sehen wir dies sofort an dik-

Isolierstreifen für die Abdichtung des Abstandes zwischen Glasplatten und unterer Einblechung

H-Profile zur Abdichtung, wenn mehrere Glasplatten untereinander angebracht werden müssen

ken Stellen. Die Befestigung mit diesen Profilgummis hat den Vorteil, daß sie problemlos und ohne Beschädigungen abgenommen und wieder angebracht werden kann.

Nun fehlt nur noch die obere Einblechung. Die erste Dachlatte über dem Kollektor wird aufgedoppelt. Nur so liegt die erste Dachplattenreihe über dem Kollektor richtig, da die Plattenreihe, auf der sie vorher auflag, fehlt.

Die obere Einblechung wird aus demselben Material gefertigt wie die seitlichen und die untere. Sie wird auf die aufgedoppelte Latte genagelt, reicht ca. 7 cm über den oberen Kollektorrand und wird der Kollektorform angepaßt. Links und rechts überlappt sie die seitlichen Einblechungen völlig.

Kollektorabdeckung mit Polycarbonat-Lichtplatten

Metallkollektoren werden üblicherweise mit Glas abgedeckt. Allerdings spricht auch einiges, vor allem die leichte Montage und die Hagelbeständigkeit, für Polycarbonat-Lichtplatten. Da diese Abdeckung in Zusammenhang mit dem Rippenrohrabsorber (vgl. 5.1.6) bereits detailliert beschrieben wurde, beschränken wir uns hier auf die wenigen Punkte, die besonders zu beachten sind, wenn Kupferkollektoren mit Kunststoffplatten versehen werden.

Wie der Kollektorrahmen beschaffen sein muß, wenn mit Kunststoff abgedeckt wird, haben wir bereits behandelt.

Unter die Polycarbonat-Lichtplatte sollte immer Hostaphanfolie gespannt werden, um die Platten vor zu großer Hitze zu schützen. Wie beim Rippenrohrkollektor schaffen an der Oberseite weiß lackierte Leisten einen Abstand zwischen Folie und Lichtplatten und dich-

ten Schaumgummistreifen diesen Abstand nach unten und oben ab.

5.2.5. Listen für Material, Werkzeug und Arbeitszeit

Die folgende Liste ist anhand des Beispiels in 5.2.2 für einen Sunstrip-Metallabsorber und den Ganzkupfer-Kollektor (Angaben in Klammern) mit senkrechter Absorberverlegung, Hostaphanfolie und Glasabdeckung erstellt.

Die Zeitangaben sind nur ein Näherungswert. Der Arbeitsaufwand ist abhängig vom fachlichen Können und der Vorbereitung. Lieber etwas mehr Zeit einplanen. Die meisten Arbeiten werden zu zweit am besten und schnellsten erledigt. Eine gute Planung ist fast schon die halbe Arbeit.

Die Listen für die Installationsarbeiten befinden sich im Abschnitt 6.

So wird der Profilgummi montiert

Obere Einblechung

Material

31 m	Rahmen- und Zwischenrah-menholz 9 x 4 cm
12,5 m²	PU-Hartschaumplatten mit Alukaschierung
40	Nägel 130 mm
24 m	Alu-T-Profil mit Aluwinkel (6 Stück à 4 m)
24 m	Profilgummi
60	Spaxschrauben 3,5 x 25
8,5 m	Hostaphanfolie 1,2 m breit
16 m	Zellgummiband 10 x 4 mm
6 m	Hohlprofilgummistreifen
20	Glasscheiben mit Format 600 x 1000 x 4 mm
15	Alu-H-Profil-Stoßleisten 60 cm
1	Kartusche Silikon klar
20	Sunstrip-Absorberstreifen 3,66 m lang (25 Kupfer-Absorberstreifen 3,6 m lang)
10	Verteilerrohre Kupfer 22 mm Ø mit je 4 Anschlüssen (10 Verteilerrohre 22 mm Ø mit je 5 Anschlüssen)
6 m	Sammelrohr Kupfer 22 mm Ø
12	Cu-Winkel 22 mm Ø
10	Cu-Kappen 22 mm Ø
8	Cu-T-Stücke 22 mm Ø
5	Alustreifen (Querversteifung) 50 cm lang, 5 cm breit
1 m	Lochband zur Absorberfixierung
1	Anlegefühler für die Temperaturdifferenzsteuerung Einblechmaterial

Werkzeug

Handsäge oder Handkreissäge
Lochsäge oder Stichsäge
Bohrmaschine mit Eisenbohrer
Lötgerät (Campingbrenner, Hartlötgerät usw.)
Hartlot oder Lötzinn und Lötfett
Hammer
Handtacker mit Klammern
Kreuzschlitzschraubendreher oder Akkuschrauber
Nietzange mit Nieten oder Blechschrauben
Rohrzange
Eisensäge
Flachfeile und Rundfeile
Stahlwolle oder spezielle Reinigungsbürsten

Arbeitszeit

4 h	Rahmen und Isolierungen einbrinen
5 h	Absorber zu Elementen verlöten
4 h	Absorber mit Sammelrohr verlöten und einrichten
5 h	Abdeckung (Hostaphan und Glas) montieren

Der genannte Kollektor kostet derzeit (1991) etwa 3000 DM (3200 DM) ohne MWST. = 250 DM/m² (270 DM/m²) Brutto-Kollektorfläche ohne Einble-chung. Bei Neubauten spart man sich 12 m² Dacheindeckung.

6. Installation

Für die Installation des Kollektorkreislaufs, des Heizkreislaufs und der Wasserleitungen sind eine geübte Hand und die einschlägigen Werkzeuge eines Installateurs nötig.

Wir schlagen vor, die Installationen und den Anschluß des Boilers von einem erfahrenen Fachmann (Installateur/Heizungsbauer) ausführen zu lassen, da dies eine Menge an Fachkenntnis verlangt und damit der einwandfreie Betrieb garantiert ist.

Da in der Zeit, in der der Wärmespeichers angeschlossen wird, kein Warmwasser und zum Teil auch kein Kaltwasser zur Verfügung steht, sollte darauf geachtet werden, daß der Einbau gut vorbereitet und so zügig wie möglich durchgeführt wird.

Es lohnt sich, vorher genau zu überlegen, wie der Speicher in den vorgesehenen Raum gebracht werden kann, um mit dem schweren Teil nicht in irgendeiner Ecke steckenzubleiben. Meist sind auch einige kräftige Arme nötig, um den Speicher z. B. in den Heizungskeller zu bringen.

Wichtig ist es, darauf zu achten, daß bestimmte Materialien nicht gemischt werden. Vor allem beim Brauchwasseranschluß sollten nie verzinkte Rohre auf Kupfer folgen, da sonst Lochfraß auftritt. Der Solar- und der Heizungskreislauf werden jeweils möglichst nur in einem Material ausgeführt.

Folgende Materialien können verwendet werden:

Kaltwasser:
verzinktes Rohr, Kunststoff, Edelstahl
Warmwasser:
verzinktes Rohr, Kupfer, Edelstahl
Kollektorkreislauf:
(verzinktes Rohr), Kupfer,
schwarzes Rohr
Heizungskreislauf:
verzinktes Rohr, Kupfer,
schwarzes Rohr

Verzinktes Rohr sollte für den Kollektorkreislauf nicht verwendet werden, wenn Antifrogen oder ähnliche Frostschutzmittel eingesetzt werden sollen, da sich Zink sonst löst und der Kreislauf verschlämmt.

Die Leitungen müssen in ihren Verbindungen absolut dichtend sein und sollten mittels Rohrschellen und Aufhängebändern gut an Wänden und Decken befestigt werden. Die Wasserleitungsrohre werden sauber waagrecht verlegt. Die Rohre des Nachheizkreislaufs werden mit Steigung zu den Entlüftungsmöglichkeiten montiert. Für die Funktion der gesamten Solaranlage ist es eminent wichtig, daß die Rohre des Solarkreislaufes stets mit Steigung zum Ausdehnungsgefäß bzw. zur Entlüftungsmöglichkeit verlegt werden.

Daneben ist noch wichtig, daß die Rohre möglichst ohne Spannung eingebaut werden und keinen Kontakt zu Mauerwerk oder anderen Rohren haben, um störende Geräusche und Energieverlust zu vermeiden. Mauerschlitze und Deckendurchbrüche sollten deshalb groß genug gemacht werden.

6.1 Aufstellung des Speichers

Nachdem der richtige Wärmespeicher für die Solaranlage (vgl. 4.2–4.3) besorgt und auch der Platz festgelegt wurde, kann man darangehen, den Speicher aufzustellen und anzuschließen.

Das nachfolgende Beispiel steht für viele Fälle, in denen ein neuer Warmwasser (WW)-Druckspeicher von 500 l mit zwei Wärmetauschern in das bestehende Heiz- und WW-Bereitungssystem eines Einfamilienhauses eingebaut wird.

Unser Bild stellt den gesamten Anschluß des Speichers dar. Nachfolgend werden die einzelnen Arbeiten erklärt (6.1–6.6).

Fertig angeschlossener Druckspeicher

Meist wird der neue Speicher im Heizungskeller an der Stelle des alten aufgestellt. Der Platz benötigt eine gute und tragfähige Unterlage. Außerdem sollte genügend Platz zu Decke, Seiten und Boden vorhanden sein, um die Isolierung und die Anschlüsse problemlos unterbringen zu können. Für die Schall- und Thermoisolierung zwischen Boden und Speicher ist es sinnvoll, die Teile, die mit dem Boden in Berührung kommen, mit Gummi, Holz oder einem anderen druckfesten Isolationsmaterial zu isolieren.

Die Wärmetauscher sind in den meisten Fällen bereits in den Speicher eingebaut. Ist dies nicht der Fall, so müssen sie genau nach der Montage-und Einbauanleitung montiert werden. Dabei ist zu beachten, die Anschlüsse und Rohrführungen von Brauchwasser, Sonnenkollektorkreislauf und Nachheizung richtig und zweckmäßig anzuordnen, damit wenig Kreuzungen der Rohre erfolgen müssen.

Bei verschiedenen Speichern sind die Wärmetauscher über oder am Handloch zu montieren. Der Einbau stellt für Nichtgeübte ein gewisses Problem dar und sollte deshalb durch einen Fachmann erfolgen. Dabei ist zu beachten, daß in der Größe unterschiedliche Wärmetauscher die richtige Stellung und den richtigen Anschluß erhalten. Der größere ist für den Solarkreislauf und wird unten eingebaut, der kleinere ist für die Nachheizung und wird oben montiert.

Selbstbau von drucklosen Speichern:

Wir möchten den Selbstbau des Wärmespeichers nicht unbedingt empfehlen, da es kaum zu schaffen ist, so gute Werte bei der Wärmeschichtung usw. zu erreichen, wie sie optimierte Druckboiler heutzutage aufweisen. Ein großer Vorteil ist aber die gewaltige Kostenersparnis. Allerdings ist einiges an handwerklichem Geschick nötig. Für den, der es probieren will, hier einige Tips:

Der Behälter sollte möglichst schlank gebaut werden (z. B. 2 m hoch, 0,5 m breit, 0,5 m tief = 500 Liter). Verwendet wird normalerweise Stahlblech 3 mm dick. Zur Versteifung werden in je 50 cm Höhe U-Eisen 25 x 25 x 3 mm um den Speicher angebracht. Um den Deckel befestigen zu können, wird am oberen Rand außen ein Winkeleisen 25 x 25 x 3 mm angeschweißt.

Als Durchführungen für die Fühler, Thermometer und den Druckausgleich, werden Muffen eingeschweißt. Die Muffe für den Fühler (1/2") sollte sich in Höhe des Solarwärmetauschereingangs befinden. Muffen für Thermometer (1/2") kommen unten, in die Mitte und oben in die Speicherwand. Um den Speicher ablassen zu können, wird in den Boden eine 3/4"-Muffe (oder ein Winkel) eingeschweißt. Für die Volumenausdehnung bei Erwärmung kommt in den oberen Rand eine 1/2"-Muffe, die später mit einem Syphon versehen wird.

Die Durchführungen für die Tauscher (Solarwärmetauscher, Warmwassertauscher und evtl. Wärmetauscher für die Nachheizung) können verschieden gefertigt werden. Je nach Tauschermaterial werden die Durchführungen nur aufgebohrt (Kupfertauscher, Durchführung isolieren) oder mit Muffen versehen

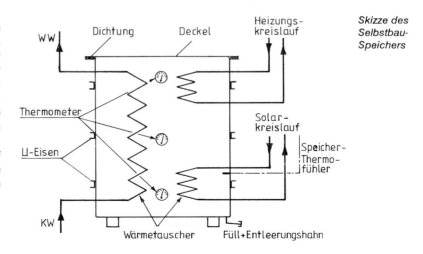

Skizze des Selbstbau-Speichers

Selbstgefertigter druckloser Speicher mit Wärmetauschern

(z. B. Rippenrohrwärmetauscher für den Solarkreislauf bei druckloser Anlage (siehe Kapitel 8) oder Edelstahltauscher für die Nachheizung).

Kupferrohrtauscher können ebenso wie Rippenrohrwärmetauscher leicht selbst gemacht werden. 12 mm Cu-Rohr (eventuell zwei Tauscher parallel schalten wegen des geringen Durchmessers) oder 15 mm Cu-Rohr über ein Rohr oder ein Rundholz mit mindestens 30 cm Durchmesser wickeln. Um den Nachteil gegenüber Industriewärmetauschern, daß unser Rohr keine Lamellen besitzt, auszugleichen, werden mehr

Meter Rohr verwendet. Die Windungen sollten zueinander etwas Abstand haben. Den Abstand fixieren kann man dadurch, daß man in Holzleisten im Abstand der Windungen Löcher bohrt, die Leisten durch die Löcher der Länge nach durchschneidet, die Tauscherspirale in die Löcher legt und die beiden Leistenteile wieder zusammenschraubt. Drei Leisten genügen. Alternativ können die Windungen mit aufgelötetem Kupferdraht verbunden werden.

Die Tauscher sollten folgendermaßen angeordnet werden: der Kollektorwärmetauscher kommt in das untere Drittel, der Tauscher für die Nachheizung (z. B. von Zentralheizung oder Kachelofen) in das obere Drittel und die Warmwasserspirale sollte sich über die ganze Höhe erstrecken.

Bevor die Tauscher eingebaut werden, muß der Speicher innen gut gereinigt, mit Rostschutzfarbe und mehrmals mit temperaturbeständigem Anstrich versehen werden.

Der Deckel für den Wasserspeicher muß unbedingt dampfdicht abschließen (Auflagefläche mit Silikon bestreichen und gut niederschrauben). Sollte hier nicht sauber gearbeitet werden, so kann die Isolierung durchfeuchtet und wirkungslos werden.

6.2 Brauchwasseranschluß

Brauchwasseranschluß bedeutet, daß der Speicher zum einen mit Kaltwasser gespeist wird und zum anderen, daß das erzeugte Warmwasser in das bestehende Warmwasser-Leitungsnetz geführt wird. Dies erfolgt meist mit geschraubten verzinkten Rohren.

Die Kaltwasserleitung (KW) der Hausversorgung wird hinter der Wasseruhr und dem Haupt-Absperrventil angezapft. Die Leitung zum Speicher sollte mindestens 1 Zoll Durchmesser haben, damit das Wasser langsam in den Boiler einfließt. Der Warmwasser-Anschluß wird dagegen mit 3/4" (oder 18 mm Kupfer) ausgeführt.

Die Rohre sollten so in einem leichten Gefälle verlegt werden, daß an der tiefsten Stelle eine Entleerung möglich ist. Ist eine groß genug dimensionierte KW-Leitung bereits im Heizungskeller vorhanden oder die Speisung des vorherigen Speichers brauchbar, so schließen wir hier an.

Da unser Speicher mit dem örtlichen Leitungsdruck betrieben wird und dazu ein Warmwasserbereiter ist, muß er mit einigen sicherheitstechnischen Einrichtungen ausgerüstet werden. In der angegebenen Reihenfolge müssen in Fließrichtung des Wassers eingebaut werden: Absperrventil, Rückflußverhinderer (Flußrichtung beachten), Manometeranschlußstutzen, Membran-Sicherheitsventil (Abfluß ableiten) und ein Auslaufventil an der tiefsten Stelle zum Entleeren des Speichers.

Die Leitung wird nun bis zum Kaltwasseranschlußstutzen des Speichers geführt und mit einer Verschraubung ver-

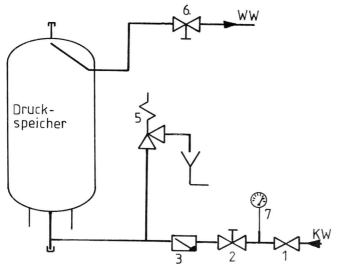

Schema für den Brauchwasseranschluß

1) Druckminderer
2) Absperrventil Kaltwasser
3) Rückschlagventil
4) Entleerung Druckspeicher
5) Überdruckventil, 6 bar und Abfluß
6) Absperrventil Warmwasser
7) Manometer

bunden, um den Speicher später gegebenenfalls leicht ausbauen zu können.

Die Warmwasserleitung wird, ausgehend vom WW-Stutzen des Speichers, mit einer Verschraubung, einem Absperrventil und eventuell einem Thermometerstutzen mit der bestehenden WW-Leitung, welche das Haus versorgt, zusammengeschlossen. Der WW-Stutzen befindet sich meist an der Seite des Speichers, manchmal auch oben. Die Wasserentnahme erfolgt über ein Rohr, das im Speicher nach oben geführt ist und das Warmwasser am höchsten Punkt entnimmt, um damit eine Schwerkraftzirkulation zu verhindern.

Die Warmwasserleitung hat normalerweise nur einen Durchmesser von 3/4". So sind nur geringe Mengen von Warmwasser in der Leitung, das sich abkühlt und das der Verbraucher ablassen muß, bevor warmes Wasser aus der Leitung kommt.

Zu überlegen ist noch, ob in die Warmwasser-Leitung ein Kaltwasserbei-

mischventil eingebaut werden soll. Diese Einrichtung hat die Aufgabe, daß nur Warmwasser von einer bestimmten Temperatur in das WW- Netz strömt. Wird wenig Warmwasser abgenommen, so sind an Sonnentagen durchaus Temperaturen von 80°C und mehr möglich. Es wäre unwirtschaftlich und es besteht Verletzungsgefahr, wenn Wasser mit dieser Temperatur aus dem Wasserhahn kommt. Das Regelventil arbeitet mechanisch und mischt Kaltwasser bei, sobald eine bestimmte Temperatur überschritten wird, so daß beim Verbraucher nur Warmwasser mit einer konstanten Temperatur ankommt. Zur Installation muß eine Kaltwasserleitung, die nach den Sicherheitseinrichtungen angebracht wird, zum Regelventil geführt werden. Das Ventil selbst wird in die Warmwasser-Leitung eingebaut.

Falls sich in der Trinkwasserleitung kein Schmutzfilter befindet, muß ein solcher in die Kaltwasserzuleitung des Beimischventils montiert werden, um seine

Funktion zu gewährleisten.

Viele Hausanlagen haben eine Warmwasser-Zirkulation. Das heißt, daß über eine Pumpe ein Kreislauf betrieben wird, der ständig warmes Wasser zu den Zapfstellen im Haus befördert. Durch die Zirkulation wird dauernd Warmwasser umgepumpt, was zu Wärmeverlusten führt und die Wärmeschichtung im Speicher beeinträchtigt. Dieser Komfort kostet einiges an Energie (und Geld). Die Verluste sollten so weit wie möglich abgestellt werden. Man kann die Zirkulation ganz abstellen, was aber oft zu Komforteinbuße und zu einem höheren Wasserverbrauch führt. Es ist sinnvoll, die Pumpe über eine Zeitschaltuhr nur zu den Zeiten mit dem häufigsten Verbrauch (morgens, mittags, abends) laufen zu lassen.

Bei Neubauten von Ein- oder Zweifamilienhäusern ist zu überlegen, ob nicht durch eine Reduzierung des Durchmessers für die Warmwasserleitung auf 3/4–1/2" bzw. 18/15/12 mm ¢ ganz auf die Zirkulation verzichtet werden kann.

6.3 Kollektorkreislauf

Der Kollektorkreislauf transportiert die im Kollektor gesammelte Solarenergie in den Speicher.

Die Leitung, welche den Wärmeträger vom Wärmetauscher im Boiler zum Kollektor bringt, wird als Kollektor-Vorlauf (bzw. Boilerrücklauf) bezeichnet. Die Leitung, die den Wärmeträger vom Kollektor zum Boiler bringt, ist der Kollektorrücklauf (bzw. Boilervorlauf).

Der Kollektorrücklauf bringt also die gewonnene Wärme vom Kollektor zum

Speicher. Der Wärmeträger (Wasser oder Sole) tritt oben in den Solar-Kreislaufwärmetauscher ein, gibt hier die Energie ab und fließt durch den unteren Wärmetauscheranschluß wieder in die Kollektorvorlaufleitung. Diese Leitung bringt den Wärmeträger wieder zum Kollektor.

Grundsätzlich empfehlen wir Kupfer als Material für den Kollektorkreislauf. Verzinktes Eisenrohr verträgt sich, wie gesagt, nicht mit verschiedenen Frostschutzmitteln.

Die Verlegung in Kupfer empfehlen wir auch deshalb, weil Kupfer angenehm und leicht zu verlegen ist. Ein paar Tips dazu: Kupferleitungen sollten gut und relativ oft fixiert werden, weil sie in sich nicht so stabil sind wie Leitungen aus Eisen. Hartlöten ziehen wir gegenüber Weichlöten vor, da auf aggressives Flußmittel verzichtet werden kann. Vorsicht mit den Lötgeräten bei brennbaren Teilen. Mit Blech usw. abdecken! Die einzelnen Einrichtungen (siehe nächster Abschnitt) werden mit Messingfittings verbunden, welche verschraubt werden.

Die Abbildungen zeigen, welche Einrichtungen bei der Rippenrohranlage (offenes System) und bei der Kupfer-(Aluminium)- Anlage (geschlossenes System) in den Kollektorkreislauf eingebaut werden müssen.

In die Kollektorrücklaufleitung bauen wir ein Thermometer, ein Absperrventil und einen Entleerungshahn (zur Spülung des Wärmetauschers) ein.

In die Kollektorvorlaufleitung montieren wir in Fließrichtung folgende Einrichtungen: Entleerungshahn, Pumpe mit zwei

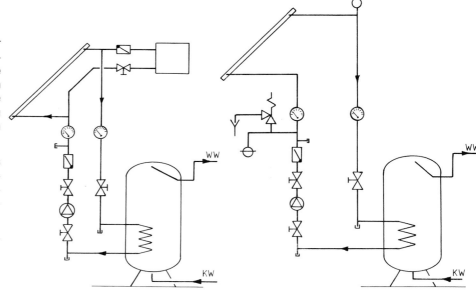

Schema des Solarkreislaufes bei offenen Anlagen

Schema des Solakreislaufes bei geschlossenen Anlagen

Absperrschiebern (zum leichten Ausbau), eine Rückschlagklappe, die verhindert, daß der Kreislauf im Schwerkraftprinzip bei nicht laufender Pumpe warmes Wärmemittel vom Speicher in den Kollektor transportiert, einen weiteren Entleerungshahn (wegen der Rückschlagklappe) und ein Thermometer.

Bei der geschlossenen Anlage montieren wir hier zusätzlich das Sicherheitsventil mit 2,5 bar und dazugehöriger Ablaufleitung sowie das geschlossene Druckausgleichsgefäß mit Manometer. Dieses Druckausgleichsgefäß arbeitet mit einer Membrane und Stickstoff, der sich komprimieren läßt. Bei einem Kollektor von ca. 10 m² reicht ein Druckausgleichsgefäß von 12 l aus. Genaueres ergibt sich aus folgender Tabelle (nach Wagner). Dabei bedeutet h die Höhe der Anlage (zwischen Unterkante

Speicher und Oberkante Kollektor), f die Fläche des Kollektors.

f	h	5 m	10 m	15 m
10 m²		12 l	12 l	18 l
20 m²		12 l	18 l	35 l
30 m²		18 l	25 l	50 l

Wie beschrieben, montieren wir die Umwälzpumpe in den Kollektorvorlauf. Die Montage könnte zwar theoretisch auch in den Kollektorrücklauf geschehen, geringere Temperaturschwankungen und durchschnittlich niedrigere Temperaturen ermöglichen im Vorlauf aber eine höhere Lebenserwartung der Pumpe.

Beim Einbau der einzelnen Armaturen ist immer auf die Flußrichtung zu achten.

Der Anschluß am Wärmetauscher erfolgt auch bei Kupferinstallation durch lösbare Verschraubungen, um den Wärmetauscher bei Bedarf leicht ausbauen zu können.

Die Installation der Kollektorkreislaufleitung erfolgt immer mit Steigung zum Ausdehnungsgefäß (beim Rücklauf) bzw. zum Kollektor (beim Vorlauf). Andernfalls kann der Kollektorkreislauf kaum vollständig entlüftet werden. Luft in der Leitung verringert oder unterbindet den Wärmetransport und schadet der Pumpe.

Wie bereits erläutert, befindet sich am höchsten Punkt der Solarkreislaufleitung eine Entlüftungsmöglichkeit. Bei der geschlossenen Anlage ist dies ein Entlüftungstopf (Großentlüfter), bei der offenen haben wir ein Ausdehnungsgefäß, das als Entlüfter dient. Der Anschluß des Großentlüfters ist einfach, den des Ausdehnungsgefäßes bei der offenen Anlage erklären wir im nächsten Abschnitt.

6.4 Ausdehnungsgefäß für offene Anlagen (Rippenrohranlagen)

Das Ausdehnungsgefäß ist der sicherheitstechnische Teil einer offenen Anlage. Es dient dem Druckausgleich, der Entlüftung und der Eigenzirkulation des Kollektors gegen Überhitzung bei Pumpenstillstand.

Da sich Wasser bei steigender Temperatur ausdehnt, würde sich der Druck in der Anlage erhöhen, wenn es keine Möglichkeit gäbe, die Schwankungen auszugleichen. Da der Kollektorkreislauf bei der offenen Anlage wie bei alten Heizungsanlagen drucklos betrieben wird, muß das Ausdehnungsgefäß am höchsten Punkt der Anlage installiert werden. Dadurch kann es gleichzeitig der Entlüftung dienen.

Die Abbildung unten zeigt den Anschluß und die Funktion des Ausdehnungsgefäßes.

Damit der Kollektor bei einem Ausfall der Pumpe nicht überhitzen kann, wird neben der Leitung vom Kollektorrücklauf (2) zum ADG (3) eine weitere Verbindung (4) vom ADG (3) zum Kollektorvorlauf (1) geschaffen. Dadurch kann im Schwerkraftprinzip das heiße Wasser vom Kollektor zum ADG zirkulieren, sich dort etwas abkühlen und wieder zurück zum Kollektor gelangen. Das Absperrventil (5) wird nur beim Befüllen und Entlüften der Anlage geschlossen. Es stellt sicher, daß das Füllwasser nicht den kürzesten Weg zum Ausdehnungsgefäß gehen kann, sondern durch den Kollektor fließen muß. Dabei wird die Luft im Absorber zum ADG gedrückt und kann entweichen.

Die Verbindung vom ADG zum Kollektorvorlauf (4) hat auch die Aufgabe, daß beim Abkühlen der Anlage der Volumenausgleich möglich ist und eventuell

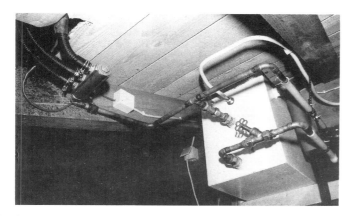

So wird das Ausdehnungsgefäß für offene Anlagen angeschlossen

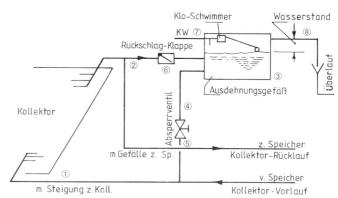

Schema für den Anschluß des Ausdehnungsgefäßes (offene Analge)

verdunstete Kollektorflüssigkeit in den Kollektorkreislauf nachfließen kann, was wegen der Rückschlagklappe (6) nicht direkt möglich ist.

Die Rückschlagklappe (6) zwischen Kollektorrücklauf (2) und ADG verhindert, daß der Kollektorkreislauf statt durch den Kollektor nur über die Verbindungsleitung (4) und durch das ADG zirkuliert.

Um verdunstete Kollektorflüssigkeit auszugleichen, muß eine Kaltwasserleitung zum Kollektor gezogen werden. Sie speist den Kloschwimmer (7), der den Flüssigkeitsstand im ADG regelt.

Um gegen Wasserdampf beständig zu sein, werden Schwimmer in Metallausführung (Messing) anstelle herkömmlicher Kunststoffschwimmer verwendet.

Als Zuleitung für den Schwimmer reicht eine 8 mm- bis 10 mm-Kupferleitung aus, die im frostsicheren Bereich mit einem Absperrhahn und Entleerungsmöglichkeit in eine Kaltwasserleitung eingebunden wird. Im Winter wird die Leitung abgesperrt und entleert.

Der Überlauf (8) ist nur für den Notfall gedacht, wenn aus irgendeinem Grund (Wärmetauscher undicht, Kloschwimmer defekt) der Flüssigkeitspegel im ADG zu stark ansteigt. Damit die Störung wahrgenommen werden kann und möglichst wenig Kollektorflüssigkeit (und damit meist Frostschutzmittel) nach außen gelangt, sollte die Überlaufleitung in einen leeren Eimer oder ein Faß oder zumindest sichtbar in eine Ablaufleitung oder über Dach geführt werden. Die Gefahr, daß der Kloschwimmer nicht ganz abdichtet, kann man dadurch umgehen, daß man die Zuleitung nur alle paar Monate kurz aufdreht, um vedunstetes Wasser zu ersetzen und ansonsten geschlossen läßt.

Wer ganz sicher gehen will, kann eine elektronische Warnanlage installieren, die bei zu hohem oder zu niedrigem Flüssigkeitsstand Alarm auslöst. Solche Anlagen gibt es im einschlägigen Handel.

Das ADG sollte auf jeden Fall mit einem Deckel versehen werden. Er schützt vor Verschmutzung und stellt sicher, daß Dampf – sollte er entstehen – kondensieren kann und wieder ins ADG zurücktropft.

Das Volumen des ADG muß so groß sein, daß auch bei hohen Temperaturen keine Flüssigkeit überfließen kann.

Faustregel:

20 l Volumen plus 1 l pro m² Kollektorfläche, mindestens 30 l

Das ADG wird im Normalfall aus Stahlblech geschweißt. Dabei werden die für die Anschlüsse nötigen Muffen mit eingeschweißt. Es ist allerdings auch fertig erhältlich (siehe Bezugsquellen). Vergleiche Abb. S. 27.

Die Höhendifferenz zwischen Kollektorrücklaufmuffe und Überlauf (Spielraum für die Volumenausdehnung) sollte bei Gefäßen mit 30 l bis 50 l Inhalt mindestens 10 bis 20 cm betragen, bei größeren Behältern entsprechend mehr. Daher ist eine schlanke Bauform und eine Anbringung der Muffen für Kollektorvor- und -rücklauf knapp über dem Boden von Vorteil.

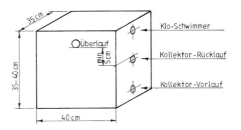

Maße des Ausdehnungsgefäßes für Anlagen bis 20 qm Kollektorfläche

6.5 Einbindung in das Heizsystem

Reicht die Solarenergie nicht aus, muß das Brauchwasser nachgeheizt werden. Die häufigsten Möglichkeiten dafür sind ein Elektroheizstab bei elektrischer Nachheizung (wenig umweltfreundlich) oder ein Wärmetauscher für die Nachheizung durch eine Ölzentralheizung, einen Feststoffbrandofen oder Ähnliches. Diese Nachheizung wird grundsätzlich im oberen Teil des Warmwasser-Speichers installiert, damit nur ein Teil des Speichervolumens auf die gewünschte Temperatur gebracht wird, unnötige Speicherverluste vermieden werden und die Solarenergie den unteren Speicherinhalt vorwärmen kann.

Nachheizung über Elektroheizstab

Wird mit Strom nachgeheizt, so ist die Installation denkbar einfach. In den Speicher wird, möglichst von oben (senkrecht), ein Elektroheizstab eingebaut. Bei einem Speicher bis ca. 500 l reicht ein Heizstab mit 2 KW Anschlußwert und eingebautem Thermostat. Der Anschluß sollte auf alle Fälle vom Elektriker vorgenommen werden.

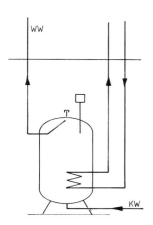

Schema für Nachheizung mittels Elektroheizstab

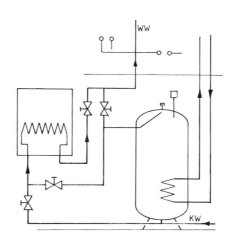

Schema für Nachheizung mittels Durchlauferhitzer

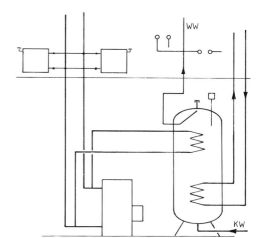

Schema für Nachheizung durch Zentralheizungsanlage bei separatem Warmwasserspeicher

Nachheizung über Durchlauferhitzer

Ebenso einfach ist die Einbindung ins Heizungssystem, wenn das warme Wasser bisher mit einem Durchlauferhitzer erzeugt wurde. Durchlauferhitzer arbeiten entweder mit Strom (nicht umweltfreundlich) oder mit Gas.

Hier wird der Solarspeicher einfach zwischen Kaltwasserzulauf und Durchlauferhitzer geschaltet. In den Durchlauferhitzer kommt so bereits vorgewärmtes oder bereits heißes Wasser und er muß nur noch nötigenfalls den „Rest" besorgen.

Nicht geeignet sind hier Durchlauferhitzer, die nicht thermostatgesteuert sind, sondern druckgesteuert. Diese Geräte schalten grundsätzlich ein, wenn Warmwasser abgenommen wird. Sie würden also Wasser, das bereits heiß genug ist, noch weiter erhitzen. Auch nicht geeig-

net sind manche Durchlauferhitzer, in denen Bauteile (Dichtungen, Membranen) sind, die keinen heißen Vorlauf vertragen (Kundendienst fragen).

Nachheizung über Zentralheizung

Etwas komplizierter ist der Anschluß an eine vorhandene Zentralheizungsanlage. Hier gibt es verschiedene Fälle:

– Ein alter separater Warmwasserspeicher wird durch den Solarspeicher ersetzt.
– Es gibt bisher keinen Boiler und die Nachheizung für den Solarwärmespeicher soll neu in den Vor- und Rücklauf der Heizungsanlage eingebunden werden.
– Der alte Warmwasserspeicher ist mit dem Heizkessel in ein Gerät integriert
– Nachheizung über einen Kachelofen oder einen Heizungs-/Küchenherd.

Separater Warmwasserspeicher wird durch Solarspeicher ersetzt

Dies ist der einfachste Fall. Meist können alle Anschlüsse nach leichten Umbauten wiederverwendet werden. Der neue Speicher wird an das Heizungssystem genauso angeschlossen, wie es der alte war. Der Wärmetauscher für die Nachheizung kommt in das obere Drittel des Solarspeichers. Ist ein neuer Wärmetauscher für die Nachheizung nötig, kann man sich an der Größe des alten orientieren (bei Pumpenumwälzung Standard 1,2 m² Tauscherfläche, bei Schwerkraftumwälzung Säulenwärmetauscher mit 2,5 m²).

Solarspeicher wird neu in Heizungsanlage eingebunden

In diesem Fall empfehlen wir auf alle Fälle einen Heizungsbauer hinzuzuziehen und zwar möglichst den, der die

63

Heizungsanlage gebaut hat, um kostspielige und zum Teil gefährliche Fehler zu vermeiden. Wenn Solaranlagen nicht so funktionieren, wie sie sollen, dann liegt der Fehler meist in der Anbindung ans Heizungssystem. Der Fachmann kann auch die nötige Pumpengröße, den Rohrdurchmesser, die richtige Steuerung usw. feststellen.

Was ist hier zu tun? Der Nachheizwärmetauscher (im oberen Drittel des Boilers) wird mit Vor- und Rücklauf der Zentralheizung verbunden. Der Heizungsvorlauf wird mit dem oberen Wärmetauscheranschluß verschraubt, der Heizungsrücklauf mit dem unteren.

Standardgröße für den Wärmetauscher ist 1,2 m² Tauscherfläche. Die Bauart ist unerheblich.

Bei der Installation ist darauf zu achten, daß der Wärmetauscher nötigenfalls gespült und die Leitung an der höchsten Stelle mit einem Selbstentlüfter versehen wird. Alle Rohre müssen steigend zur Entlüftung hin verlegt werden. Folgende Einrichtungen müssen vorhanden sein: Boilerladepumpe, Rückflußverhinderer (Rückschlagklappe oder - ventil, das verhindert, daß die Warmwasserenergie durch Selbstzirkulation im Heizungskreislauf verbraucht wird), Steuerungs- Thermostat, Absperrventile, Entleerung, Entlüftung, Spülmöglichkeit für den Wärmetauscher und Termometer.

Es sollte überprüft werden, ob das Druckausgleichsgefäß der Zentralheizungsanlage noch groß genug ist, da sich mit dem Anschluß des Wärmetauschers das Heizwasservolumen vergrössert.

Ist der Speicherheizkreis nicht mit dem normalen Heizkreis verbunden, sind als sicherheitstechnische Einrichtungen zusätzlich ein 2,5 bar Sicherheitsventil und ein geschlossenes Druckausgleichsgefäß nötig.

Integrierter Warmwasserspeicher

Ein Warmwasserspeicher, der in einen Heizkessel integriert ist, kann nicht einfach durch einen Solarboiler ersetzt werden.

In diesem Fall schaltet man den Solarspeicher so, daß er das Wasser vorwärmt, bevor es in den alten Speicher strömt und dort bei Bedarf auf die Endtemperatur gebracht wird. Dabei wird der Kaltwasseranschluß am alten Boiler nach den sicherheitstechnischen Armaturen abgenommen und zum Kaltwasseranschluß des neuen Speichers geführt. Der Warmwasseranschluß des

neuen Speichers wird mit dem Kaltwasseranschluß des alten verbunden. Nicht vergessen werden dürfen Verschraubungen und Absperrschieber bei Zu- und Ablauf des neuen Boilers, Entleerungsmöglichkeit und möglichst ein Thermometer.

Allerdings gibt es ein Problem. Schaltet man im Sommer die Heizungsanlage aus, so ist es möglich, daß das solar erhitzte Wasser wieder abkühlt, während es bei geringem Verbrauch im alten Speicher steht. Alte Speicher sind oft sehr schlecht isoliert und geben häufig auch über den Luftzug durch den Verbrennungsraum zum Kamin viel Wärme ab.

Wir legen deshalb noch eine Leitung, die es erlaubt, den alten Speicher zu umgehen und die Warmwasserleitung direkt mit unserem solar erwärmten Wasser zu speisen, wenn die Temperatur im Solarspeicher ausreicht und die Heizungsanlage außer Betrieb ist.

Die Umstellung zwischen Vorwärmung und Direkteinspeisung erfolgt manuell über zwei Absperrhähne für die Leitung zum alten Boiler und die andere direkt zur Warmwasserleitung oder automatisch über einen Thermostat und ein 3-Wege-Ventil. Mit diesem Thermostat schaltet man gleichzeitig den Heizbrenner aus und ein.

Will man auf den integrierten Wasserspeicher ganz verzichten, was bei alten Anlagen oft sinnvoll ist, werden bei Boilern mit Ladepumpe die Heizungsanschlüsse und der Temperaturfühler vom alten Boiler entfernt und am Solarboiler montiert. Bei aufgesetzten Heizungsboilern ohne Ladepumpe erfolgt die Einbindung der Nachheizspirale

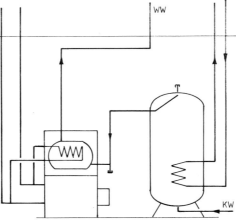

WW

KW

Schema der Anbindung des Solarspeichers bei integriertem bisherigem Warmwasserspeicher

durch Anschluß an den Heizungskreislauf (siehe "Solarspeicher wird neu in die Heizungsanlage eingebunden").

Nachheizung über Kachelofen usw.

Viele Häuser verfügen noch oder heute wieder über Kachelöfen oder kombinierte Heizungs-/Kochherde. Diese Öfen unterstützen manchmal die Zentralheizungsanlage, manchmal ersetzen sie auch den Ölbrenner, vor allem in der Übergangszeit.

Ist dieser Feststoffbrenner die einzige Nachheizung für den Warmwasserspeicher, so wird er mittels eines Nachheizkreislaufs angeschlossen, der sich von dem für den Anschluß an die Ölzentralheizung nicht unterscheidet. Soll der Feststoffbrenner zusätzlich zur Zentralheizung nachheizen, so wird in den Solarspeicher etwa in die Mitte ein dritter Wärmetauscher eingebaut.

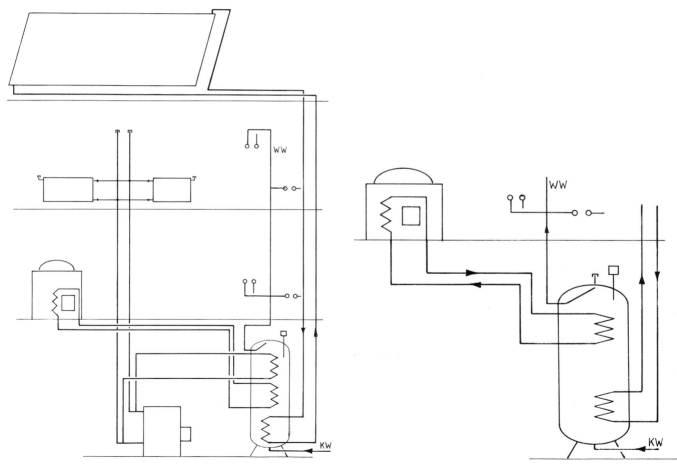

Schema der Nachheizung durch Zentralheizung und Kachelofen   *Schema der Nachheizung Kachelofen*

6.6 Isolierung

Rohrisolierung

Die Leitungen des Solarkreislaufes, des Nachheizkreislaufes und die Warmwasserleitungen sind völlig gegen Schall- und Wärmeleitung zu isolieren. Hier sollte man sorgfältig vorgehen, um nicht Energieverlust oder störende Geräusche beklagen zu müssen. Die Rohre sollten ohne Spannung und ohne Kontakt zu Mauern oder zu anderen Rohren eingebaut werden. Bei Rohrschellen oder Hängebändern wird gut mit Filz oder Gummi untergelegt, damit an diesen Punkten keine Übertragung erfolgen kann.

Zur Dicke der Isolierung: Im Haus genügt für den Solarkreislauf eine Isolierung mit 50%iger Dämmschichtdicke nach der HeizAnlV (Isolation 20 mm dick). Nur außerhalb sollte die teurere Isolierung mit 100%iger Dämmschichtdicke (Isolation 30 mm dick) verwendet werden.

Als Material kommen alle handelsüblichen Isolierstoffe in Betracht:

PU-Schaumschalen – bituminiert (vorwiegend Unterputz); PU-Schaumschalen – mit PVC-Ummantelung (vorwiegend Aufputz); Glaswolleschalen – mit Alu oder PVC ummantelt; Isolierschläuche (Armaflex usw.) sind nicht geeignet, da nicht bis 160 °C temperaturbeständig.

Druckstellen und Öffnungen sollten möglichst vermieden werden. Besonders an Bögen ist sorgfältig zu arbeiten, da sich die Rohre bei Erwärmung der Länge nach ausdehnen und die Isolierung etwas unter Spannung setzen.

Preise für Rohrisolierungen

Die Preise sind Richtwerte (1988 und beziehen sich auf den laufenden Meter bei 1/2" (22 mm Cu) bis 3/4" (28 mm Cu).

PU-Schaumschalen bituminiert
(Vorwiegend für Unterputzisolierung, leicht verarbeitbar)
50% Dämmung   3,50 DM bis 4,50 DM
100% Dämmung 4,50 DM bis 5,50 DM

PU-Schaumschalen
mit PVC-Ummantelung
(Für Aufputzisolierung, Formteile erhältlich, leicht verarbeitbar)
50% Dämmung   5,00 DM bis 6,00 DM
100% Dämmung 6,00 DM bis 9,00 DM
Formteile 2,50 bis 4,00 DM

Glaswollschalen
(Für Unterputz und Aufputz, wird zusätzlich mit PVC oder Alu umantelt, leicht, aber unangenehm zu verarbeiten)
5,00 DM bis 6,50 DM

Glaswollmatten
(Siehe Glaswollschalen, aber bei kleinen Rohrdurchmessern bis 1", schwierig zu verarbeiten)
bis 30 mm Dicke 12,00 bis 14,00 DM/m^2

Glaswolle lose
(Für Mauerschlitze und Durchführungen gut geeignet, unangenehm zu verarbeiten)
1 Sack ca. 8,5 kg 25,00 bis 28,00 DM

Speicherisolierung

Die Isolierung des Speichers kann kaum gut genug sein. Zur Isolierung handelsüblicher Solarboiler werden Weichschaum-Ummantelungen mit meist 100 mm Dicke angeboten. Sie kosten etwa 250.– bis 400.– DM für einen 500 l Speicher. Eine Stärke von 10 cm ist allerdings relativ wenig. Empfehlenswert wären selbst bei hochwertigen Materialien 15–20 cm.

Selbstbauer können zwischen folgenden Materialien wählen:

Empfohlene Mindeststärke ca.

Styroporflocken	1	20 cm
Korkschrot	1,2	20 cm
Kokosfilz	2	20 cm
Steinwolle		20 cm
Glaswolle		20 cm
Perlite	1,2	20 cm
Strohballen	1,2	50 cm
Strohlehm	2	60 cm
Schafwolle	2	30 cm
usw.		

Die mit „1" gekennzeichneten Materialien sind leicht zu verarbeiten (z. B. rieselfähig), die mit „2" gekennzeichneten sind aus baubiologischer Sicht zu empfehlen.

Als Ummantelung dient eine Holzverschalung, die um die 1,5-fache Isolierdicke höher sein sollte als der Boiler. Oben sollte mit nicht rieselndem Material abgedeckt werden (z. B. mit Kokosmatten).

6.7 Elektroinstallation

Die Elektroinstallation sollte grundsätzlich von einer Fachkraft ausgeführt werden, um Sach- und Personenschäden zu vermeiden. Versicherungen zahlen nicht bei Schäden durch selbst gebaute Elektroanlagen. Nur die Anschlüsse der Thermofühler können selbst verlegt werden (12 bzw. 24 V).

Die Materialien sollten für Feuchträume geeignet sein. Wichtig ist auch die gute Befestigung der Leitungen.

6.7.1 Installation der Steuerung

Das Temperatursteuergerät vergleicht die Temperatur von Speicher und Kollektor und schaltet die Kollektorkreislaufpumpe ein, wenn eine gewisse Temperaturdifferenz (die meist einstellbar ist) zwischen Kollektor und Speicher entsteht.

Dazu sind zwei Thermofühler nötig. Der erste, ein Anlegefühler, wird im Kollektor, etwa an seinem höchsten Punkt, so angebracht, daß er nicht direkt im Sonnenlicht liegt, aber die Temperatur des Wärmeträgers gut übernehmen kann. Beim Rippenrohrsystem wird er in der Nähe des Ausgangs der Rohre aus dem Kollektor mit einer Befestigungsschelle an einem der Rohre angebracht. Beim Kupferabsorber wird der Thermofühler an der Sammelleitung vor dem letzten Absorberstreifen befestigt (siehe S. 50). Das (mindestens zweiadrige) Kabel, das den Thermofühler mit der Steuerung verbindet, wird entweder mit den Kollektorkreislaufrohren verlegt oder kommt in ein vorhandenes Leerrohr der Hausinstallation.

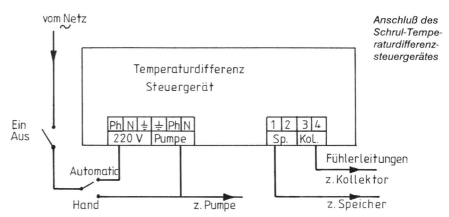

Anschluß des Schrul-Temperaturdifferenzsteuergerätes

Der andere Fühler wird am Speicher montiert. Er sollte etwa in Höhe des Solarwärmetauschers liegen. Ist am Speicher eine Muffe vorhanden, so kann ein Tauchfühler in die Muffe eingebaut werden. Sonst wird ein Anlegefühler an die Speicherwand geklemmt (mit Draht, unter der Isolierung usw.). Auch dieser Fühler wird mit der Steuerung verbunden.

Die Steuerung sollte die Möglichkeit vorsehen, die Anlage völlig vom Netz zu trennen und die Pumpe auch von Hand einzuschalten. Bietet sie diese Möglichkeiten nicht, kann dasselbe durch die gezeigte Schaltung mit zwei Kippschaltern erreicht werden.

6.7.2 Elektroinstallation für die Nachheizung

Wird ein Elektro-Heizstab in den Speicher eingebaut, so genügt bei 2 kW-Stäben eine Lichtsteckdose als Stromversorgung. Größere Heizbündel benötigen einen Drehstromanschluß.

Bei den meisten Heizstäben kann über ein Thermostat die Aufheiztemperatur eingestellt werden. Es ist wichtig, daß der Heizstab im oberen Drittel des Speichers eingebaut wird, damit nur ein Teil der Speicherkapazität nachgeheizt wird.

Es sollten nur Heizstäbe verwendet werden, die der Speicherhersteller empfiehlt (isolierter Einbau, Garantie).

Wird die Nachheizung über eine Ölzentralheizung o. Ä. betrieben, so wird der Nachheizkreislauf meist über einen Thermostaten geregelt. Er sollte im oberen Drittel des Speichers angebracht werden, damit die Nachheizung eingestellt wird, wenn ein Teil des Wassers die gewünschte Temperatur erreicht hat.

Die Steuerung des Heizungskreislaufes muß mit der bestehenden Steuerung abgestimmt werden.

Wird eine Correx-Anode benötigt (Emaille-Speicher), so ist dafür eine Steckdose vorzusehen.

6.7.3 Erdung und Blitzschutz

Alle elektrischen Geräte mit Metallgehäusen müssen nach VDE geerdet sein. Das heißt, sie müssen mit einem Schutzleiter (grün/gelb) angeschlossen sein. Das gilt für Pumpe, elektrische Verteiler und elektrische Thermostatschalter, aber nur bedingt für Nachheizstäbe. Oft sind sie aus korrosionstechnischen Gründen isoliert eingebaut und dafür ausführlich zugelassen. In diesem Fall entfällt der Masseanschluß.

Alle metallischleitenden Rohre (Kaltwasser-, Warmwasser-, Heizungs-und Kollektorkreislaufleitung) müssen mit einer Potentialausgleichsleitung mit der Potentialausgleichsschiene (Erdung) verbunden werden. Mit speziellen Erdungsschellen und einem Erdungsdraht (Kabel) von 6–10 mm² Querschnitt werden die Rohre untereinander und mit der Erdungsschiene verbunden.

Auch der Brauchwasserspeicher (Solarspeicher) wird separat geerdet. Ist keine Erdungsschraube vorhanden, so bohrt man vorzugsweise in einem Standfuß ein Loch, feilt die Stelle metallisch blank und befestigt hier die Erdung.

Bei vorhandenem Blitzableiter am Haus sollten die Kollektoreinblechungen in die Blitzschutzanlage eingebunden werden, um eine Fremdnäherung (Blitzüberschlag auf nicht geerdete metallische Teile) zu verhindern.

6.8 Material und Werkzeugliste für den Kollektorkreislauf mit Kupferrohren

Die folgende Liste gilt für offene und geschlossene Anlagen mit ca. 10 m² Kollektorfläche. Abweichungen werden extra angegeben. Da die örtlichen Gegebenheiten einen großen Einfluß auf die Menge der Formstücke (Winkel usw.) und die Rohrlänge haben, kann diese Liste nur als Orientierungshilfe dienen.

Material

1	Umwälzpumpe 1" mehrstufig, ca. 30–40 Watt
2	Pumpenschieber 1" und evtl. Messingnippel 1" 80 mm
1	Temperaturdifferenzsteuergerät mit Thermofühlern
1	Rückschlagklappe 3/4"
1	Messingreduzierung 1" auf 3/4"
1	Messingnippel 3/4" 60 mm
3	KFE-Hähne 1/2"
1	Absperrschieber oder -ventil 1"
1	Solarkreiswärmetauscher mit Isolierverschraubungen 3/4"
2	Zeigerthermometer 1/2"
3	Löt-Übergänge 3/4" außen auf 18 mm
1	Löt-Übergang 1" außen auf 18 mm
2	Löt-Übergänge 1/2" innen auf 15 mm
3	Löt-T-Stücke 18 mm–1/2"–18 mm
2	Cu-T-Stücke 18/15/18
2	Lötverschraubung 3/4" IG–18 mm
20	Cu-Bögen 18 mm
35 m	Cu-Rohr 18 mm in Stangen
1,5 m	Cu-Rohr 15 mm in Stange
35 m	Rohrisolierung für Cu 18 mm
div.	Rohrbefestigungsmaterial
1	Auffangkanister für ADG oder Sicherheitsventil

zusätzlich nur für geschlossenen Kreislauf

1	Manometer 3/8" 2,5 bar
1	Ausdehnungsgefäß 12 Liter 3/4"
1	Sicherheitsventil 2,5 bar 1/2"
1	Großentlüfter 3/8"
2	Löt-Übergänge 3/8" innen auf 15 mm
2	Löt-T-Stücke 18/15/18 mm
1	Löt-T-Stück 18–1/2"–18 mm
1	T-Stück 18 mm
1	Löt-Verschraubung 3/4" IG –18 mm
10 l	Frostschutzmittel

nur für offenen Kreislauf

1	Ausdehnungsgefäß
1	Rückschlagklappe 3/4"
1	Absperrschieber oder -ventil 3/4"
2	Messingnippel 3/4" 60 mm
1	Kloschwimmer (Messingausführung)
5 m	Cu-Rohr 8 mm (für Kloschwimmerzulauf) und Absperrventil
2	Lötverschraubungen 3/4" AG–18 mm
2	Cu-T-Stücke 18 mm
2	Lötübergänge 3/4" außen–18 mm
35 l	Frostschutzmittel

Kosten

Da die Menge des Installationsmaterials, die je nach Gegebenheit sehr verschieden sein kann, einen erheblichen Einfluß auf die Kosten hat, können wir hier nur Erfahrungswerte von 800,– bis 1.200,– DM ohne Wärmetauscher und Differenzsteuergerät angeben. Temperaturdifferenzsteuergeräte kosten zwischen ca. 180.– DM und 500.– DM.

Werkzeug

Eisensäge, Rohrschneider
Lötgerät (Campingbrenner,
Propanbrenner usw.)
Hartlot oder Lötzinn und Lötfett
Stahlwolle
Rund- und Flachfeile
2 Rohrzangen
Hanf und Hanffett (Fermit)
Bohrmaschine (für Rohrhalterungen)
mit Holz- und Steinbohrer
Schraubendreher
Hammer, Meißel
Befüllschlauch 1/2"
Frostschutzfüllgerät (Bohrmaschinen-
pumpe oder Rückenspritze)

Arbeitszeit

Auch hier sind nur vage Angaben
möglich:

5–8 Std.	Solarkreislauf im Boilerraum installieren
3–4 Std.	Elektroinstallation (Steuergerät, Pumpe)
8–15 Std.	Kollektoranschluß und Rohrverlegung zum Boiler
4–6 Std.	Isolieren der Kreislaufleitung

7. Inbetriebnahme und Wartung

Vor Inbetriebnahme der Anlage sollte in jedem Fall eine Prüfung der Rohre und Verbindungen vorgenommen werden. Dies gilt für die Kreisläufe von Brauchwasser, Heizung und Kollektor. Der Absorber sollte geprüft werden, bevor die Abdeckung aufgebracht ist, um auftretende Schäden sofort beheben zu können.

Mit dem Überprüfen des Solarkreislaufes und des Absorbers kann gleichzeitig eine Spülung der Anlage vorgenommen werden, um Schmutz sowie Materialreste und -ablagerungen aus der Anlage zu entfernen.

7.1 Befüllen und Entlüften der Rippenrohranlage

Wärmetauscher spülen

An der tiefsten Stelle des Kollektorkreislaufes (3a) wird ein Wasserschlauch angesetzt, um die Anlage zu füllen und die Luft aus den Rohren zu entfernen.

Dabei sollte der Wärmetauscher zuerst gespült werden. Dazu schließen wir die Schieber 1a und 2 und öffnen den Entleerungshahn 3b. An den Entleerungshahn 3b bringen wir möglichst einen Wasserschlauch an, um das abströmende Wasser ableiten zu können. Nun öffnen wir den Einfüll/Ablaßhahn 3a und lassen mit gutem Druck Wasser durch den Wärmetauscher strömen, bis keine Luft mehr austritt. Nun schließen wir 3a und 3b wieder.

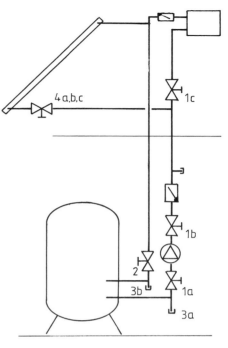

Entlüften der offenen Anlage

Anlage befüllen

Zur Befüllung des Kollektors schließen wir die Hähne 2, 1c und 4a, b, c. Alle anderen (außer dem Ablaßhahn 3b) werden geöffnet. Über den Einfüllhahn 3a fließt Wasser in die Anlage. Nun öffnen wir den untersten der Hähne 4a, b, c, damit das Wasser mit vollem Druck durch die unterste Rippenrohrleitung strömt und die vorhandene Luft mitreißt. Tritt keine Luft mehr im ADG aus, so wird der unterste Hahn von 4a, b, c geschlossen und der nächste geöffnet. Dies wiederholt sich noch einmal, bis alle Rippenrohre entlüftet sind. Schließlich werden die Schieber 4a, b, c geöffnet, ebenso die Hähne 2

69

und 1c. 3a wird geschlossen und der Füllschlauch kann abmontiert werden.

Nun muß noch der Schwimmer im ADG eintariert werden, so daß der Wasserstand gut über dem Eingang des Kollektorrücklaufes steht.

7.2 Befüllen und Entlüften der Anlage mit Metallabsorber

Am Entleerungshahn an der tiefsten Stelle des Kollektorkreislaufes schließen wir einen Schlauch an, der mit einem Wasserhahn verbunden ist.

Zuerst spülen wir den Wärmetauscher. Wir schließen die Absperrhähne vor und hinter dem Wärmetauscher, führen durch unseren Schlauch Wasser zu und durch die obere Entleerungsmöglichkeit (und einen zweiten Schlauch) wieder ab, bis keine Luft mehr austritt (siehe Rippenrohranlage: Wärmetauscher spülen).

Nun öffnen wir den unteren Absperrhahn und befüllen die Anlage über den Kollektorvorlauf, bis wir einen Druck von ca. 1,5 bar in der Anlage haben (am Manometer abzulesen). Daraufhin wird der Absperrhahn des Kollektorrücklaufes geöffnet und die Anlage weiter bis auf ca. 2 bar befüllt.

Nun nehmen wir die Pumpe in Betrieb und lassen sie laufen, bis keine Geräusche durch Luft in der Pumpe mehr feststellbar sind. Fällt der Druck im Kollektorkreislauf durch entweichende Luft ab, so erhöhen wir ihn immer wieder und halten ihn auf ca. 1,5 bar. In den Absperrhähnen halten sich gerne Luftpolster. Deshalb werden diese kurz geöffnet und wieder geschlossen.

Die genannten Druckangaben beziehen sich auf eine Anlagenhöhe von maximal 10 Metern. Faustformel bei einer größeren Höhendifferenz zwischen Speicher und Absorber: Betriebsdruck 0,5 bar höher als der statische Anlagendruck (10 m = 1 bar) und mindestens 0,5 bar Differenz zum Ansprechdruck des Sicherheitsventils.

7.3 Frostschutzmittel

Soll die Anlage ganzjährig betrieben werden, so ist das Wasser als Wärmeträger durch ein Gemisch aus Wasser und Frostschutzmittel zu ersetzen, das auch mit Korrosionsschutzmittel versetzt ist und die Anlagenteile vor Oxidation schützt.

Das am häufigsten verwendete Frostschutzmittel (z.B. auch im Autokühler) ist Äthylenglykol. Es hat diverse Vorteile: es ist relativ gut biologisch abbaubar, ist preisgünstig, nicht brennbar und unterscheidet sich in der Wärmeaufnahme und Wärmeleitfähigkeit bei einer Mischung von etwa 30-35 % Äthylenglykol und 60-70 % Wasser nicht erheblich von reinem Wasser. Das angegebene Mischungsverhältnis sichert ausreichend Frostschutz, da keine Sprengwirkung beim Einfrieren mehr auftritt.

Äthylenglykol ist allerdings in großen Mengen genossen oder in hoher Konzentration giftig (Nierengift). Um eine Vergiftung über das Trinkwasser bei einem undichten Wärmetauscher zu vermeiden, wäre zu überlegen, ob nicht das toxikologisch unbedenkliche Propylenglykol vorgezogen werden sollte. In Bezug auf den Frostschutz hat es ähnliche Werte wie Äthylenglykol.

Der Bedarf an Frostschutzmittel berechnet sich wie folgt:

Gesamtinhalt der Anlage:

Rippenrohrabsorber 6 l/m
Kupferabsorber 1 l/qm
+ Ausdehnungsgefäß 30-50 l (nur RR)
+ Wärmetauscher und Rohrleitungen
r(cm)*r(cm)*3.14*Länge(cm)/1000 (=l)

Bedarf an Frostschutzmittel:
Gesamtinhalt der Anlage / 100 * 40

Wird der Wärmeträger abgelassen, so ist auf eine einwandfreie Entsorgung zu achten. Nach einigen Jahren sollte die Konzentration des Frostschutzmittels mit einem Aräometer (KFZ-Werkstätten usw.) festgestellt und gegebenenfalls korrigiert werden.

Neuanlagen sollten vor dem Auffüllen mit Frostschutzmittelgemischen einige Wochen nur mit Wasser betrieben werden. Sollten Undichtigkeiten auftreten oder kleine Änderungen nötig sein, kann die Anlage problemlos abgelassen werden.

Befüllen der Rippenrohranlage

Bei Stillstand der Anlage werden etwa 20 l Wasser mehr abgelassen, als Frostschutzmittel gebraucht wird. Über das ADG wird das Mittel anschließend eingefüllt und die Anlage mit Wasser wieder aufgefüllt.

Befüllen der Kupferabsorberanlage

Die Anlage wird komplett entleert. Mittels einer Pumpe (z. B. Bohrmaschinenpumpe oder Unkrautspritze) wird das Frostschutzmittel in den Solarkreislauf gedrückt. Anschließend wird mit Wasser der Druck wieder hergestellt und wie oben beschrieben entlüftet.

Der Abfluß des Sicherheitsventils sollte in diesem Fall aber nicht in die Abwasserleitung fließen, sondern in einen Plastikkanister mit ca. der Hälfte des Fassungsvermögens der Anlage, um eventuell austretendes Frostschutzmittel zu sammeln.

7.4 Funktionskontrolle

Läuft die Anlage einwandfrei, so zeigen die beiden Thermometer des Kollektorkreislaufes bei Sonneneinstrahlung und laufender Pumpe ca. 10 - 15 Grad Celsius Differenz. Besteht eine größere Differenz, so wird das Wärmemedium nicht ausreichend umgewälzt. Vermutlich läuft die Pumpe zu langsam (höherstellen) oder es ist Luft im Kreislauf. In diesem Fall muß noch einmal, wie oben beschrieben, entlüftet werden. Ist die Differenz geringer, so kann unter Umständen die Kreislaufpumpe auf geringere Leistung geschaltet werden.

Bei Inbetriebnahme sollte das Steuergerät beobachtet werden. Müßte es aufgrund der Sonneneinstrahlung schalten, zeigt sich aber nach 15 Minuten noch keine Reaktion, wird die Pumpe auf Hand geschaltet, um sicher zu gehen, daß die Kollektortemperatur tatsächlich wesentlich höher liegt als die Boilertemperatur (ca. 10°).

Ist dies der Fall, so sind die Thermofühler zu überprüfen. Zuerst sollte geprüft werden, ob der Anlegefühler im Kollektor richtig liegt und gut anliegt und ob der Tauchfühler im Boiler richtig sitzt. Ist hier alles in Ordnung und handelt es sich um Widerstandstemperaturfühler, so sollten die Fühler ausgebaut und auf die gleiche Temperatur gebracht werden. Dann kann man mittels eines Meß-

gerätes ihren Widerstand bestimmen. Die Differenz sollte keine 10 Ohm überschreiten. Die Kennzahl, die an den Fühlern angebracht ist, sollte identisch sein oder allenfalls um den Wert 2 voneinander abweichen. Werden diese Bedingungen nicht erfüllt, muß ein anderes Fühlerpaar montiert werden.

Läuft Wasser über den Überlauf aus dem ADG, so ist entweder der Schwimmer nicht in Ordnung oder es liegt eine Störung von Steuerung oder Pumpe vor. Diese Störungen sind zu beheben.

7.5 Wartung

Im Großen und Ganzen sind Solaranlagen zur Warmwasserbereitung wartungsfrei. Gelegentliches Nachsehen schadet aber nie. Dabei kann die Funktion von Steuergerät und Pumpe, die Dichtigkeit der Leitungen und Armaturen, bei der Rippenrohranlage der Wasserstand im ADG und bei der Kupferanlage der Druck in der Anlage überprüft werden.

Ist bei der Rippenrohranlage die Kaltwasserzuleitung zum ADG normalerweise geschlossen, um ein Austreten von Frostschutzmittel zu verhindern, so wird sie alle paar Wochen geöffnet, um eventuell verdunstetes Wasser nachzufüllen. Sollte öfters Wasser nachgefüllt werden müssen, muß die Solarflüßigkeit von Zeit zu Zeit daraufhin überprüft werden, ob der Frostschutz noch ausreicht.

Die Kollektorabdeckung sollte nach Hagel auf Schäden hin untersucht werden. Verfärben sich die Abdeckplatten nach Jahren stark, so sollten sie ausgewechselt werden.

Wird die Anlage nur im Sommer betrie-

ben, so muß sie im Herbst entleert werden. Dabei ist darauf zu achten, daß kein Wasser zurückbleibt, das zu Frostschäden führen könnte. Dabei ist die Kaltwasserzuleitung zum ADG nicht zu vergessen. Die Anlage sollte vom Stromnetz getrennt werden. Bei der Wiederbefüllung im Frühjahr ist wie bei der ersten Inbetriebnahme zu verfahren. Pumpen sind eventuell festgebacken. Sie können gelöst werden, indem man die Schraube in der Mitte der runden Seite abnimmt und die darunter liegende Welle mit einem Schraubenzieher etwas bewegt.

Emaillierte Brauchwasserspeicher mit Opferanoden sollten etwa alle zwei Jahre überprüft werden. Bei kalkhaltigem Wasser empfiehlt es sich, den Kalkansatz an Wärmetauschern und E-Heizstab zu untersuchen. Beim Wärmetauscher können die Wartungsintervalle länger sein, da die durchschnittliche Vorlauftemperatur vergleichsweise niedrig ist.

8. Großanlagen

In diesem Abschnitt wollen wir anhand des Baus einer 108-m²-Solargroßanlage durch die Jugendbildungsstätte Königsdorf erläutern, was bei Solaranlagen für Heime, Herbergen, Hotels usw. zu beachten ist. Franz Mittermair, Leiter der Jugendbildungsstätte und Mitautor dieses Buches, berichtet:

Seit vier Jahren bietet die Jugendbildungsstätte Königsdorf energiepolitische Seminare für Jugendliche an. Im Zentrum dieser Seminare steht Praxis – der Sonnenkollektorbau.

Nachdem die Jugendbildungsstätte bereits gute Erfahrungen mit dem Bau einer 40 m²-Rippenrohranlage für ein Zeltlager- Sanitärgebäude gemacht hatte, stand im Herbst 1986 eine Anlage mit über 100 m² für das Hauptgebäude im Programm. Die Entscheidung fiel wieder auf einen Polypropylen-Rippenrohr-Absorber nach Dr. Schulz aus Weihenstephan, da er hervorragend für den Selbstbau geeignet und sehr günstig im Preis ist. Ökologisch interessant ist daneben, daß die Herstellung der benötigten Materialien (Kunststoff) relativ wenig Energie erfordert. Messungen an der 40 m²-Anlage, die allerdings nur 3–4 Monate im Jahr in Betrieb ist, ließen überdies eine gute Leistung erwarten.

In der Jugendbildungsstätte versorgt eine Ölzentralheizung (Bj. 1979) ein Heim mit 85 Betten, eine Großküche für ca. 100 Essen und sechs Dienstwohnungen (12 Bewohner) mit Warmwasser. Der Warmwasserbedarf liegt im Durchschnitt bei etwa 2.700 l/Tag mit ca. 45 Grad Celsius, schwankt aber stark von ca. 1.000 bis ca. 5.000 l/Tag.

Wasserverbrauch in Heimen u.ä.

Richtwerte für den Wasserverbrauch in Heimen, Tagungshäusern usw. zu geben, ist schwierig. Der Verbrauch schwankt stark je nach Auslastung des Hauses, Tätigkeiten der Gäste (Sport, Therapie etc. treibt den Verbrauch in die Höhe), Ausstattung der Zimmer und Ansprüchen der Gäste. Ganz grob könnte als Anhaltspunkt für den Tagesbedarf dienen:

30–50 l Häuser mit Duschen außerhalb der Zimmer
50–70 l Häuser mit Duschen in den Zimmer
100–150 l Häuser mit Badewannen in den Zimmern .

Sichere und ziemlich preiswerte Methode zur Feststellung des Warmwasserbedarfs ist der Einbau eines Zählers in die Warmwasserleitung (oder besser in den Kaltwasserzulauf zur Warmwasserbereitungsanlage) und die Messung über einen längeren Zeitraum. So läßt sich die Anlage zuverlässig dimensionieren und u. U. viel Geld sparen.

Als Platz für den Kollektor bot sich das einzige Süddach der Gebäudegruppe an. Es hat eine Abweichung von 20 Grad nach Westen und eine Neigung von 24 Grad, läßt deshalb im Winter relativ wenig Leistung erwarten. Die Kollektorgröße beträgt, durch die Dachfläche begrenzt, 120 m² (24 m breit, 5 m hoch). Zum Teil konnte der Kollektorkasten aber wegen Dachfenstern nicht mit Absorbern versehen werden. Die mit Absorber versehene Fläche beträgt 108 m².

Der Rippenrohr-Großkollektor

Kollektoren für Großanlagen werden in einigen Punkten anders gebaut als Kollektoren für Anlagen in Haushaltsgröße.

Meist werden mehr als drei Rippenrohre parallel geführt. Wieviele Stränge werden benötigt? Der einzelne Rippen-

108 m²- Rippenrohranlage der Jugendbildungsstätte im Bau

rohrstrang sollte maximal 150 m lang sein (besser 100 m). Teilt man diese 100 m (oder 150 m) durch die Breite des Kollektorkastens und multipliziert das Ergebnis mit 5 cm (das ist die Höhe, die eine Rippenrohrlage im Kasten beansprucht), so ergibt sich, welche Kastenhöhe von einem Strang ausgefüllt wird.

Beispiel:
Stranglänge 100 m :
Kastenbreite 25 m x 5 cm = 20 cm

Teilen wir jetzt die Kastenhöhe durch unser Ergebnis, so erhalten wir die Anzahl der Stränge.

Beispiel:
Kastenhöhe 200 cm :
20 cm = 10 (Stränge)

In unserem Beispiel müssen wir also 10 Stränge parallel führen.

Wichtig: Alle Stränge müssen gleich lang sein, damit sie denselben Strömungswiderstand haben und gleichmäßig durchflossen werden.

Werden mehr als drei Stränge verlegt, ist ein Übereinanderlegen am linken und rechten Kastenende nicht möglich. Damit der innere Bogen nicht zu sehr geknickt wird, bildet man ihn durch einen 90-Grad Winkelnippel (mit 2 Lippendichtungen, Stützhülsen und Federschellen).

Die einfachste, aber nicht die schnellste Art, die Absorberschläuche zu befestigen, sind die beschriebenen Casanett-Gitter. Bei großen Kollektorflächen rentiert es sich, eine rationellere Methode zu wählen. Hier haben sich Abstandshalter aus Draht bewährt, die mit Klammern befestigt werden.

Abstandshalter aus Draht für Großanlagen

Tips:
Es eignen sich nur Elektro- oder Preßlufttacker mit schmalen Klammern und langer „Nase", wie sie zum Befestigen von Nut- und Federbrettern verwendet werden, z. B. Black & Decker DN 428. Klammerlänge 30 mm.

Arbeitsgänge beim Befestigen:
Zuerst befestigen wir im linken und rechten Ende des Kollektorkastens einen etwa 1 m breiten Casanett-Gitter-Streifen mit Heraklitnägeln oder Tackerklammern, um daran die Rohrbögen festzubinden oder -rödeln.

Dann werden im Abstand von ca. 2 m Abstandshalter mit Öffnungen nach oben hin befestigt. In diese Öffnungen verlegt man die Rippenrohre (gut gespannt) und bindet sie an den Kastenenden mit Kunststoffschnur oder ummanteltem Draht ans Casanett-Gitter. Sind alle Schläuche verlegt, werden sie im Abstand von etwa 50 cm (eine Heraklit-Platte) mit den Abstandshaltern festgetackert. Vorsichtig arbeiten, damit das Rippenrohr nicht beschädigt wird.

Ein gewisses Problem stellt noch die Einführung der Rippenrohre in den Kollektorkasten dar. Die einfachste Lösung: Wir führen nicht die Rippenrohre in den Kasten ein, sondern Kollektorvor- und Rücklauf und lassen diese im Kollektorkasten nach oben verlaufen. So brauchen wir oben und unten nur die Vor- und Rücklaufleitung in den Kasten einführen, nicht die einzelnen (oft 10 oder mehr) Rippenrohrstränge.

Leider ist bei der Jugendbildungstätte Königsdorf der Heizungsraum nicht in dem Gebäude mit dem Süddach untergebracht, auf dem der Kollektor installiert wurde. Die Distanz beträgt 60 Meter. Sie wurde durch eine Erdleitung überbrückt. Selbstgebaute Hartschaumkästen isolieren die Leitung so gut, daß mit normalen Thermometern kein Temperaturverlust feststellbar ist.

Der Kanal

Leider ist es manchmal nicht möglich, daß der Kollektor auf dem Gebäude montiert wird, in dem der Speicher untergebracht ist. In diesen Fällen kann ein Kanal angelegt werden, in den die Kollektor- Kreislaufleitungen verlegt werden.

Wichtig ist eine gute Isolierung. Wir bauten aus Hartschaumplatten Kästen, in die wir die Leitungen legten. Die Hartschaumplatten lassen sich problemlos mit der Tischkreissäge schneiden. Die Teile müssen gut verklebt werden. Gute Erfahrungen machten wir mit Plastikol UDM2. Noch besser geeignet wäre evtl. ein Kunststoffkleber. Erfahrungen damit liegen bei uns aber nicht vor.

Tips:

Die Rohre sollten mindestens 80 cm tief verlegt werden, damit sie nicht durch schwere Fahrzeuge beschädigt werden. Der Graben sollte mindestens 50 cm breit ausgegraben werden, um gut verlegen zu können. Bei notwendigen Kurven darauf achten, daß der Kanal im Winkel handelsüblicher Leitungsbögen und -winkel gegraben wird und zwischen den Bögen gerade Stangen verlegt werden können.

Noch ein Problem: die Kollektor-Kreislaufleitung sollte wegen der Entlüftung vom Speicher zum Kollektor und zum Ausdehnungsgefäß immer steigend (beim Rücklauf fallend) verlegt werden. Ein Kanal macht dies unmöglich, da er ja normalerweise tiefer liegt als der Speicher. Am tiefsten Punkt muß hier in einem Revisionsschacht eine Entleerungsmöglichkeit für Vor- und Rücklauf installiert werden und an der höchsten Stelle zwischen Speicher und Kanal müssen Vor- und Rücklauf entlüftet werden können.

Kanal mit selbstgebauten Hartschaum-Isolierkästen, noch ohne Deckel

Nach der Faustregel, daß pro Quadratmeter Kollektorfläche ca. 50 l Speichervolumen zu rechnen sind, wurde ein 5.000 l-Speicher geplant. Da die Anlage so kostengünstig wie möglich gebaut werden sollte, wurde auf Druckspeicher und auf das Kaskadenprinzip verzichtet. Wir entschieden uns für einen kellergeschweißten Stahltank mit Kunststoffbeschichtung. Die Isolierung besteht aus Styroporschüttung (15 cm Stärke) im Holzkasten.

Druckspeicher im Kaskadenprinzip

Ein Vorteil des Kaskadenprinzips liegt darin, daß die eingestrahlte Solarenergie erst dazu benutzt wird, einen Teil des gesamten gespeicherten Wassers auf die gewünschte Temperatur zu bringen und nur „überschüssige" Energie den anderen Teil aufwärmt. Habe ich z. B. einen 3000 l Speicher ohne Kaskadenprinzip, so erhalte ich erst dann 50 Grad warmes Wasser, wenn die ganzen 3000 l auf 50 Grad erwärmt sind. Beim Kaskadenprinzip werden z. B. erst nur 1000 l erwärmt. So steht schneller und auch bei relativ wenig Sonneneinstrahlung Wasser der gewünschten Temperatur zur Verfügung. Ein weiterer Vorteil besteht darin, daß die Boiler schmal und hoch gebaut sein können und eine gute Wärmeschichtung besitzen, also sehr lange Wasser mit hoher Temperatur zur Verfügung steht.

Beim Kaskadenprinzip werden in der Regel zwei oder mehr Druckspeicher hintereinandergeschaltet. Die Abbildung S. 75 zeigt ein Schaltbild der Firma Wagner für eine Anlage mit drei Druckspeichern zu je 1000 l.

Zwischen den Speichern besteht eine Vorrangschaltung. Zuerst wird Speicher 1 erwärmt. Hat Speicher 1 die gewünschte Temperatur erreicht, oder reicht die Sonneneinstrahlung im Moment zur weiteren Erwärmung nicht aus, wird Speicher 2 erwärmt usw. Das Brauchwasser fließt in der Regel vom letzten Speicher in den vorletzten usw., in unserem Falle also von Speicher 3 in Speicher 2, von da in Speicher 1 und von Speicher 1 zum Verbraucher. Nachgeheizt wird nur Speicher 1.

Die Verwendung von mehreren Speichern im Kaskadenprinzip würde normalerweise bedeuten, daß jeder Speicher mit einem eigenen Wärmetauscher ausgestattet werden müßte, der auf die maximal notwendige Übertragungsleistung ausgelegt ist. Um dies zu umgehen, schlägt die Firma Wagner in unserem Beispiel einen Gegenstromwämetauscher vor, in dem das Brauchwasser erwärmt und mittels Umwälzpumpe und schichtungsstabiler Einströmrohre in den momentan beheizten Speicher eingebracht wird. Eine Lösung mit einem Wärmetauscher pro Boiler würde jedoch kaum teurer kommen.

Drucklose Speicher

Aus Kostengründen kann gerade bei Großanlagen auch an drucklose Speicher gedacht werden. Sie bestehen meist aus Kunststoff oder Stahl. Da Kunststoff bei hohen Temperaturdifferenzen häufig schnell altert, ist Stahl unserer Meinung nach vorzuziehen. Eine problemlose und günstige Möglichkeit besteht darin, sich von einer Tankbaufirma einen kellergeschweißten und kunststoffbeschichteten Stahltank

erstellen zu lassen, wie er zur Heizöllagerung verwendet wird. So ein Tank hat gegenüber Kunststofftanks weitere Vorteile: er kann in den Maßen genau auf die Gegebenheiten eingestellt werden und der Deckel des Tanks kann so gestaltet werden, wie er für den Zweck günstig ist. Wir ließen ein Drittel des Deckels fest verschweißen. In diesem Teil wurden Muffen geschweißt, durch die der Kollektorkreislauf und die Brauchwasserleitung geführt werden konnten. Zwei Drittel des Deckels sind

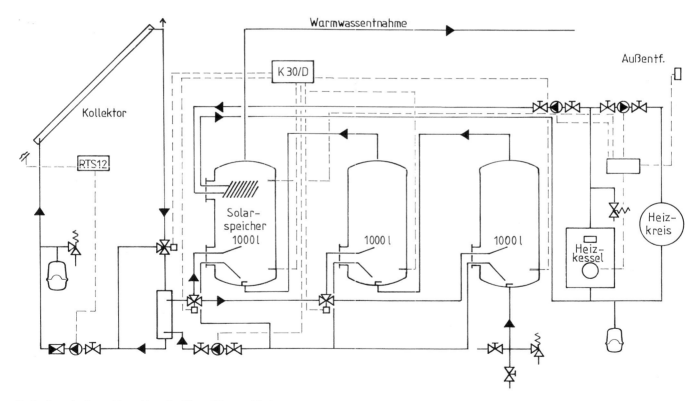

Kaskadenschaltung: Vorschlag der Firma Wagner Marburg

abschraubbar. Durch die große Öffnung wird der Einbau des Solarkreislauf-Wärmetauschers erleichtert.

Der Deckel muß dampfdicht verschraubt werden. Damit im Speicher trotzdem kein Überdruck entstehen kann, wird in den Deckel ein Rohr mit Syphon eingeschraubt.

An einer Seite des Speichers sollten oben, in der Mitte und unten Muffen eingeschweißt werden, in die Thermometer eingeschraubt werden können.

Drucklose Speicher benötigen besondere Wärmetauscher:

Der Wärmetauscher für den Solarkreislauf wird aus Rippenrohr hergestellt. Aus Casanett-Gitter macht man Trommeln und bindet daran mit unverrottbaren Schnüren die Rippenrohre fest. Diese Tauscher werden in den Speicher gestellt und beschwert, damit sie nicht durch den Auftrieb des warmen Wassers zu schwimmen beginnen.

Meist werden einige solche Tauscher parallel geführt, um einen hohen Durchflußquerschnitt zu erreichen. In diesem Fall muß auf eine bei allen Tauschern gleiche Schlauchlänge geachtet werden.

Der Wärmetauscher für den Brauchwasserkreislauf kann bei Speichern ab 2000 l kaum mehr selbst hergestellt werden. Er müsste druckbeständig, also aus Metall sein. Das leicht verarbeitbare Kupfer kommt in Häusern mit Warmwasserleitung aus verzinktem Stahl wegen des Lochfraßes nicht in Frage. Es bleibt Edelstahl.

Eine andere Möglichkeit sind Gegenstromwärmetauscher mit Beschickung über eine Umwälzpumpe. Ein Nachteil ist allerdings, daß der Kreislauf, der den Wärmetauscher bedient, die Schichtung im Speicher stört. Durch den externen Wärmetauscher ist übrigens sehr einfach eine Temperaturbegrenzung möglich. Man baut eine Schaltung ein,

welche die Umwälzpumpe vom Stromkreis abtrennt, wenn das Brauchwasser, das den Wärmetauscher verläßt, eine bestimmte Temperatur erreicht. Dadurch kann auch verhindert werden, daß der Wärmetauscher verkalkt. Kalk sondert sich erst ab ca. 65° C stark ab.

Bei den Wärmetauschern können am leichtesten Fehler gemacht werden. Es ist unbedingt nötig, den Einzelfall mit einem kompetenten Heizungsbauer zu besprechen.

Da die Anlage der Jugendbildungsstätte einen drucklosen Speicher besitzt, ist die Anbindung an die Ölzentralheizung nicht ganz einfach zu lösen. Sie geschieht durch einen externen Gegenstromwärmetauscher (Alfa Laval) mit 50 kW Leistung. Reicht die Temperatur im Solarspeicher nicht aus, so wird das Brauchwasser im Gegenstromwärmetauscher vorgewärmt und durch die Ölheizung auf die Endtempe-

Selbstgebauter Rippenrohr-Wärmetauscher

So sieht unsere fertige Großanlage aus

ratur gebracht. Ist sie dagegen genügend hoch (über 50 Grad Celsius), wird die Ölheizung abgeschaltet. Um Wärmeverluste in Brauchwasserspeicher und Warmwasserzirkulation auszugleichen, lädt die Zirkulationspumpe den Brauchwasserspeicher zu ihren Betriebszeiten über den Gegenstromwärmetauscher nach.

Die gesamte Anlage wurde mit Jugendlichen in zwei einwöchigen Seminaren gebaut. Da die Bauzeit zu knapp bemessen war, kamen die theoretischen Teile der Seminare allerdings zu kurz. Nötig wären ca. 3 Wochen gewesen.

Arbeitszeit

Bisher wurden noch nicht allzuviele Rippenrohr-Großanlagen gebaut, so daß wir für die nötige Bauzeit nur allgemeine Anhaltspunkte geben können. Unsere 100 m² Anlage hätte, knapp gerechnet, ohne die Erdleitung von 4 geschulten Kräften in zwei Wochen gebaut werden können. Eine Gruppe von 10 Kursteilnehmern braucht etwa genauso lange für den Anlagenbau. Bei einem Kurs ist aber zusätzlich Zeit für theoretische Schulung einzuplanen.

Da der Aufwand für Speicher, Installation usw. bei Großanlagen zwischen 40 und 150 m² immer in etwa vergleichbar sein dürfte, müßten hierfür auch immer ca. 5 Arbeitstage für 4 geschulte oder 8–12 ungeschulte Kräfte geplant werden. Der Kollektorbau dürfte bei 50 m² ca. 3–4 Tage, bei 100 m² ca. 5–6 Tage, bei 150 m² ca. 7–8 Tage dauern. Beim Anlagenbau mit Kursen sollten Installation und Kollektor möglichst gleichzeitig gebaut werden, da in jedem der Arbeitsbereiche nur etwa 5 Leute gleich-

zeitig sinnvoll tätig sein können.

Die Materialien für unsere 108 m²-Anlage kosteten insgesamt DM 28.942,44.

Im einzelnen, Preise in DM:

Kollektor 123,– DM/m² = 13.277,17
Speicher u. Solarw.-tauscher 4.497,35
Installation 2.953,42
Erdleitung 3.315.26
Steuerungen und Pumpen 837,00
Externer Wärmetauscher 2.177,40
Frostschutzmittel 884,84
Kleinmaterial eigener Bestand
(Holz, Nägel...) pauschal 1.000,00

28.942,44
======

Der Anlagenpreis (ohne Arbeit) liegt demnach bei nur 268,– DM/m².

Hätten wir statt dem drucklosen Speicher drei Druckspeicher mit je 1500 l, im Kaskadenprinzip geschaltet, gewählt, wären Speicher und Wärmetauscher auf etwa 20.000 DM gekommen. Die Erdleitung kann bei den meisten Anlagen natürlich entfallen. Die genannten Kosten können nur eingehalten werden, wenn man günstig bis sehr günstig einkaufen kann.

Nun noch einige Erfahrungen mit unserer Anlage:

Der drucklose Speicher in Verbindung mit dem externen Gegenstromwärmetauscher ist zwar eine sehr günstige, aber nicht perfekte Lösung.

Im Speicher kann sich durch dessen Form (mehr breit als hoch) kaum eine Wärmeschichtung bilden. Zusätzlich wird sie durch den Kreislauf beeinträchtigt, der den Gegenstrom-Wärmetauscher bedient. Da der Wärmetauscher direkt an der Brauchwasserleitung hängt, muß er bei hohem Wasserverbrauch auch mit hohen Durchflußmengen fertig werden. Wenn im Haus 20 Warmwasserhähne gleichzeitig offen sind, schafft er es trotz seiner Leistung von 50 kW nicht mehr, genügend Energie zu übertragen. So beträgt die Temperaturdifferenz zwischen Solarspeicher und Brauchwasserspeicher ständig etwa 5–10 Grad Celsius. Ein in den Solarspeicher eingebauter Wärmetauscher mit noch höherer Leistung wäre sicher günstiger gewesen.

Abschließend gesagt: wenn genügend Geld zur Verfügung steht, empfehlen wir Druckspeicher im Kaskadenprinzip. Wenn nicht, so kann eine Lösung wie die von uns gewählte noch immer ganz passable Leistung zeigen. Trotz der beschriebenen eher ungünstigen Konstellation und der im Vergleich zum Wasserverbrauch zu geringen Dimensionierung der Gesamtanlage konnten wir im Sommer 1987 unsere Heizungsanlage an 66 Tagen völlig stillegen. An weiteren 25 Tagen hätte die Temperatur auch für das Brauchwasser ausgereicht, das Haus mußte aber noch geheizt werden, so daß die Nachheizung zwangsläufig mit in Betrieb war. An 45 Tagen mußten wir die Heizungsanlage nur zur Warmwassernachheizung in Betrieb halten.

Dies ist wohl auch auf die erfreulich hohe Leistung des Kollektors zurückzuführen. *Im Jahr 1987 erbrachte er über 23000 kWh, 1988 waren es fast 28000 kWh. Zu welch günstigen Engergiekosten wir dadurch kommen, wird bereits in Teil 3 beschrieben.*

Bisher gab es mit der Anlage kaum technische Probleme. Einmal mußte ein defekter Thermofühler ausgewechselt werden. Ein anderes Mal brannte die Sicherung des Temperatursteuergerätes (Fa. Schrul) durch. Bei Großanlagen mit entsprechend stärkerer Pumpe sollte die standardmäßige 1 A–Feinsicherung durch eine 3 A–Sicherung ersetzt werden.

Unser Fazit zu unseren beiden Anlagen:

Zur Nachahmung sehr empfohlen.

Der Schwimmbadabsorber wird einfach ausgelegt, z.B. auf dem Flachdach

9. Schwimmbadanlagen

Mittels einfacher und billiger Kollektoren kann die Wassertemperatur von Swimmingpools, großen Schwimmbecken bis hin zu kommunalen Schwimmbadanlagen preiswert und ohne Umweltschädigung erhöht werden.

Das Prinzip des Gartenschlauchs, der in der Sonne liegt, kommt hier unmittelbar zum Einsatz. Da wir keine hohen Temperaturen benötigen, können wir Isolierung und Abdeckung weglassen. Der Kollektor besteht hier also nur aus dem Absorber selbst. Da er so preiswert und einfach zu montieren ist, eignet sich hier unser Rippenrohr wieder sehr gut.

Der Aufstellungsort des Schwimmbadkollektors ist unabhängig von Dachneigung usw. Er kann in der Wiese, auf dem Hausdach oder Flachdach seinen Platz finden.

Die Größe des Kollektors wird anhand der Wasseroberfläche des Schwimmbades bestimmt. Bei in der Nacht nicht abgedecktem Becken ist die Kollektorfläche gleich der Wasseroberfläche, bei abgedecktem Becken reicht die Hälfte der Wasseroberfläche. Dies gilt für Freibecken wie Hallenbecken.

Absorbermontage

Wir beschreiben die Absorbermontage am Beispiel eines 30 m²-Schwimmbeckens, das nicht abgedeckt ist. Entsprechend den örtlichen Gegebenheiten soll nun eine Fläche gefunden werden, die ca. 30 m² groß ist. Länge und Breite spielen kaum eine Rolle. Der Absorber, bestehend aus zwei Sammelrohren, die mit parallelverlaufenden Rippenrohren verbunden werden und meist an die bestehende Wasserfilterpumpe angeschloßen werden, stellen den Solarkreislauf dar.

In die Sammelrohre aus Kunststoff (PP oder PE) mit 50 mm Durchmesser werden im Abstand von ca. 40 mm die Anschlußlöcher für die Rippenrohre mit 21 mm Durchmesser gebohrt. In die Bohrung werden spezielle Dichtringe eingebracht und in diese dann die Anschlußnippel gesteckt.

Die Rippenrohre werden auf die gewünschte Absorberlänge zugeschnitten. Die Anzahl der einzelnen Stränge richtet sich nach der Kollektorbreite (Anzahl = Kollektorbreite in cm : 6,1 cm). In das Ende der Rippenrohre wird je eine Lippendichtung gesteckt und diese dann auf die Anschlußnippel geschoben (mit in Wasser gelöster Schmierseife gängig machen).

Auf dem Rasen oder Flachdach wird

der Absorber einfach ausgelegt. Bei geneigten Flächen (z. B. Satteldach) muß der Absorber am oberen Sammelrohr durch Haken oder Bänder befestigt werden. Die Befestigung sollte alle 20 cm erfolgen, damit sich das Sammelrohr nicht verformt. Eine gute Lösung ist, ein 1" Wasserrohr mit Lochbändern auf den Dachplatten zu montieren, und das Sammelrohr daran festzubinden.

Anschluß

Der Anschluß muß unbedingt diagonal erfolgen, z. B. am linken unteren Sammelrohr der Zulauf vom Becken und am oberen rechten Sammelrohr der Rücklauf zum Becken. Die anderen zwei Sammelrohrenden werden blind verschlossen.

Für die Anschlußleitung kann ein Kunststoff-Industrierohr (Durchmesser 50 mm, wird verklebt) oder ein Schwimmbadschlauch (Durchmesser 50 mm) verwendet werden.

Die Reinigungspumpe saugt das Oberflächenwasser ab und drückt es gereinigt wieder ins Becken, meist in Bodennähe. Der Absorber wird nun einfach in die Leitung von der Pumpe zum Becken „gehängt". Wichtig ist lediglich, daß bei schrägliegenden Kollektoren das Wasser von der Pumpe in das untere Verteilerrohr fließt, nicht in das obere.

Reicht die Leistung der vorhandenen Reinigunspumpe nicht aus, muß eine teure Schwimmbadumwälzpumpe eingebaut werden.

Steuerung

Als Steuerung kann auch hier ein Temperaturdifferenzsteuergerät verwendet werden, welches die Reinigungspumpe aus- und einschaltet. Der Kollektorfühler wird am oberen Sammelrohr (Kollektorrücklauf) und der Beckenfühler in halber Beckenhöhe angebracht. Einfacher und nicht ganz so wirkungsvoll ist ein Thermostatfühler, der am Absorber angebracht ist und ab beispielsweise 25 Grad Celsius die Pumpe einschaltet.

Zweikreissystem mit externem Wärmetauscher

Die Erwärmung des Beckenwassers erfolgt hier nicht direkt im Absorber, sondern über einen zwischengeschalteten Wärmetauscher.

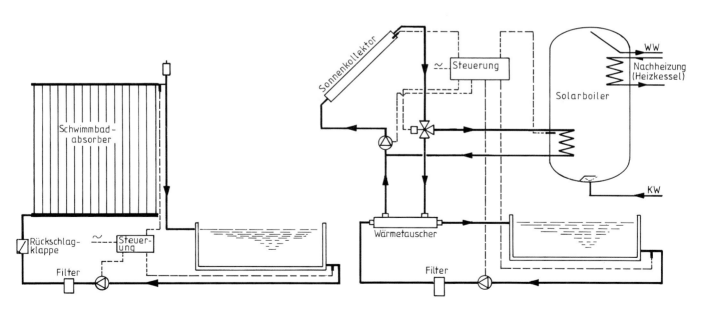

Schema Einkreissystem

Schema Zweikreissystem (Doppelnutzung)

Nicht sehr sinnvoll ist, eine Solaranlage, die nur für die Schwimmbadheizung benutzt werden soll, mit einem Wärmetauscher auszurüsten. Nachteilig sind hier hohe Systemkosten und ein geringerer Wirkungsgrad (Tauscherverluste).

Empfehlenswert ist jedoch die Verbindung von Schwimmbadheizung und Brauchwasserbereitung. Um gute Brauchwassertemperaturen zu erreichen, ist hier ein Kollektor mit Abdeckung notwendig.

10. Kollektorbaukurse und Gruppen

Sicher kann man seinen Kollektor mit handwerklichem Geschick auch nach dieser Bauanleitung bauen. Trotzdem: erfahrungsgemäß sind es nicht allzuviele, die es sich zutrauen. Und außerdem übersieht man leicht mal etwas in der Anleitung und hat Ärger und Kosten durch ein nicht funktionierendes Detail.

Die Technik des Rippenrohrkollektors hat sich bisher fast nur in Bayern verbreitet. Und dies hauptsächlich durch Kollektorbaukurse, die zuerst vom Landtechnischen Verein in Bayern e.V., ansässig in Weihenstephan und später auch von anderen Institutionen angeboten wurden. Ähnliche Kurse gibt es für Metallkollektoren.

Mittlerweile bieten zahlreiche Volkshochschulen und andere Bildungswerke Kurse zum Thema Sonnenkollektorbau an. Damit es noch mehr werden, möchten wir hier exemplarisch die Erfahrungen der Jugendbildungsstätte Königsdorf mit solchen Seminaren beschreiben.

Leider steht und fällt so ein Kurs mit den Referenten. Soll nur der Kollektorbau gelehrt werden, so ist es noch einfacher, einen guten Anleiter zu finden. Wird die komplette Anlage gebaut, so müssen die Referenten Elektriker und Heizungsbauer sein oder es sind zumindest solche hinzuzuziehen. Adressen geeigneter Referenten erfragen Sie am besten bei Anbietern von Material für den Kollektorselbstbau (siehe Bezugsquellen).

Die Jugendbildungsstätte bietet zweierlei Kurse mit verschiedener Zielsetzung und auch verschiedenen Zielgruppen an.

Der erste Kurs ist ein Seminar für Jugendliche zum Thema Energiepolitik. Es dauert eine Woche und versucht die praktische Arbeit beim Kollektorbau mit der Vermittlung theoretischen Hintergrundwissens zu verbinden. Die zwei Großanlagen der Jugendbildungsstätte sind bei solchen Kursen entstanden.

Der zweite Kurs wendet sich an Erwachsene, meist Hausbesitzer oder

Modellanlage, die während eines Kurses gebaut wurde

Landwirte. Hier geht es fast ausschließlich um den Selbstbau von Solaranlagen. Das Seminar dauert normalerweise 2 Tage. Gebaut wird dabei eine Anlage für ein Einfamilienhaus.

Im folgenden möchten wir potentiellen Organisatoren solcher Seminare einige Tips zur Durchführung geben.

10.1 Energiepolitische Seminare mit Sonnenkollektorbau

Zielsetzung unserer Seminare ist, energiepolitisches Wissen und Motivation zum eigenen Handeln in diesem Bereich zu vermitteln. Die effektivste Möglichkeit, dieses Ziel zu erreichen, liegt unserer Meinung nach in der Verbindung von Theorie und Praxis.

Die Praxis besteht darin, daß die Teilnehmer an den ersten fünf Tagen vormittags und nachmittags je etwa 3 Stunden an einer Solaranlage arbeiten. Zur Vorbereitung dient ein Diavortrag über den Bau der Rippenrohranlage. Während der Arbeit wird dauernd versucht, neben den rein praktischen auch Hintergrundinformationen zu geben.

Wir machten bisher oft den Fehler, daß wir uns für die Kurse zu viel Arbeit vornahmen. Realistisch ist, in so einem Kurs einen 20- m²-Kollektor zu bauen (ohne Speicher und Installation von Leitungen und Steuerung). Sonst kommen die theoretischen Teile zu kurz.

Die Größe der Gruppe sollte bei 10–12 Teilnehmern liegen. Sonst wird es schwierig, die Arbeit so anzuleiten, daß nicht öfters für einige Teilnehmer Leerläufe entstehen, die auf Kosten der Motivation gehen.

Den theoretischen Teil verlegten wir meist auf den Abend. Hier gingen wir vom Konkreten zum eher Abstrakten vor. Die Themen sind in dieser Reihenfolge:

- Sonnenkollektoren zur Wärmegewinnung
- Solaranlagen zur Stromgewinnung
- Weitere regenerative Energiequellen (Wind, Wasser, Biogas, Wärmepumpen ...) und Techniken zur Energieeinsparung
- Diskussion der Problematik herkömmlicher Energiequellen und der energiepolitischen Konzeptionen von Parteien und Regierungen
- Möglichkeiten des Einzelnen, aktiv zu werden

Um auch diesen Teil nicht zu „trocken" zu machen, empfehlen wir Exkursionen (z. B. Kernkraftwerk, Windkraftanlage o. ä.) durchzuführen oder Fachleute hinzuzuziehen. Für die Diskussion energiepolitischer Konzeptionen laden wir beispielsweise regelmäßig einen Vertreter des Wirtschaftsministeriums ein.

Als Abschluß solcher Seminare empfehlen wir sehr, einen Informationsabend einzuplanen, bei dem die Gruppe die Öffentlichkeit über ihr Projekt informiert.

10.2 Lehrgänge für Sonnenkollektorbau

Hier ist die Zielsetzung des Seminars und auch die Motivation der Teilnehmer eine andere. An diesen Seminaren nehmen meist Personen teil, die konkret vorhaben, auf ihr Haus eine Anlage zu bauen.

Da man den Bau einer Solaranlage vom ersten bis zum letzten Schritt am besten lernt, wenn man selbst eine (mit-)baut, sieht unsere Konzeption hier auch so aus, daß eine komplette Anlage für ein Einfamilienhaus gebaut wird.

Vor den Seminarbeginn setzen wir in der Regel einen öffentlichen Informationsabend, bei dem die Technik erläutert wird und bei dem die Möglichkeit zur Einschreibung zum Kurs gegeben wird.

Der Kurs selbst beginnt mit einer Einführung. Anschließend wird an den ersten zwei Tagen der Speicher eingebaut und die Kreisläufe und auch bereits die Elektroinstallation werden verlegt. Die weiteren beiden Tage dienen dazu, den Kollektor selbst zu bauen.

Will man nur den Kollektorbau selbst lehren, so dürften in der Regel auch zwei ganze Tage reichen. Unter Umständen muß der Bauherr noch einige nachträgliche kleinere Arbeiten übernehmen.

Wichtig ist, daß der Hausbesitzer selbst am Kurs teilnimmt. Er muß die Anlage kennen und Wartung oder Reparaturen selbst ausführen können, da der Veranstalter des Lehrgangs oder die Referenten kaum dafür zur Verfügung stehen werden.

Die Finanzierung der Kurse regelten wir bisher so, daß der Hausbesitzer die Materialkosten und die „Brotzeit" übernahm. Die Referenten wurden durch Teilnahmebeiträge und Zuschüsse des Veranstalters bezahlt.

Auch hier wäre es natürlich sinnvoll, neben der praktischen Arbeit auch energiepolitische Fragen zu behandeln.

Dies scheitert aber manchmal an mangelndem Interesse der Teilnehmer.

10.3 Sonnenkollektorbau-Gruppen

Kann kein Kurs organisiert werden oder würden Sie gerne an einem Lehrgang teilnehmen, es gibt aber in Ihrem Bereich keinen, so möchten wir Ihnen empfehlen, einige Gleichgesinnte zu suchen und eine Sonnenkollektorbau-Gruppe zu bilden, z. B. über eine Kleinanzeige.

Es hat tatsächlich einige Vorteile, zusammen mit einigen anderen Hausbesitzern oder Mietern als Gruppe der Reihe nach für jeden eine Anlage zu bauen. Oft findet sich jemand, der bereits Erfahrung mit der Technik sammeln konnte. Vielleicht ist auch ein Heizungsbauer oder Elektriker dabei. Sicherlich aber sehen einige Augenpaare mehr als Sie allein und es können ärgerliche Fehler vermieden werden. Außerdem macht es natürlich mehr Spaß, zusammen an so einem Projekt zu arbeiten.

Auf alle Fälle wünschen wir uns, daß über Kurse, Gruppen oder auch den Selbstbau alleine nach unserer Anleitung ein Beitrag geleistet wird zur Schonung unserer Umwelt, deren Teil wir sind.

11. Was man sonst noch selber machen kann

In diesem Abschnitt wollen wir nur Anregungen geben und auf Informationsquellen hinweisen, nicht weitere Techniken im Detail beschreiben.

Wir weisen hier auch deshalb auf diese Techniken hin, weil durch die Kopplung verschiedener regenerativer Energiequellen ihr Nachteil, nicht ständig in gleichem Maß verfügbar zu sein, gemildert oder sogar völlig ausgeglichen wird. Solarenergie zur Warmwasserbereitung, Heizung und Stromversorgung kann im Winter oft nicht den gesamten Bedarf decken. Windenergie steht dafür eher im Winter zur Verfügung. Auch kleine Wärme-Kraft-Einheiten können diese Lücken bei miniamlem Bedarf an fossiler Energie abdecken.

11.1 Strom aus der Sonne

Mittels Solarzellen kann die Sonnenenergie direkt in Strom umgewandelt werden. Die Solarzellen bestehen meist aus Silizium (Silizium kommt auf der Erde reichlich vor).

Solarmodule sind Einheiten aus mehreren einzelnen Solarzellen, so angeordnet, daß die gewünschte Spannung (meist 12 V oder 24 V) und Stromstärke entsteht. Sie werden in ein wetterfestes Gehäuse montiert.

Auf dem Markt gibt es heute Solarmodule unterschiedlicher Technologien. Die bedeutendsten sind monokristallines Silizium, poly- oder multikristallines Silizium, amorphes aufgedampftes Silizium und aufgedampftes Dünnfilmsilizium.

In manchen Fällen ist die solare Stromversorgung herkömmlichen Methoden

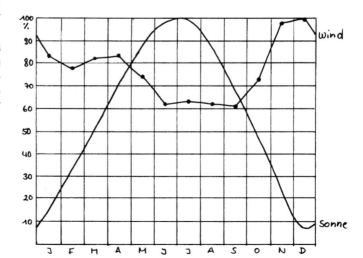

Energieangebot von Wind und Sonne in den Jahreszeiten (an der norddeutschen Küste).

Quellen der Daten für Wind: Jarass S. 107, für Sonne: Ladener 1986, S. 44

Solarmodule verschiedener Bauart

A monokristallin   B polykristallin
C nicht kristallin (amorph)

bereits wirtschaftlich überlegen.

Einige Beispiele:

11.1.1 Solar nachgeladene Akkus statt Batterien in Kleingeräten

Bis zu 9000 DM kostet eine Kilowattstunde Strom aus herkömmlichen, nicht aufladbaren Batterien für Radio, Walkman, Taschenlampe, Blitzlicht, Spielzeug usw. Und die Giftstoffe aus alten Batterien verseuchen Mülldeponien oder füllen im besten Falle die unterirdischen Sondermülldeponien.

Die Industrie rüstet zunehmend Kleingeräte wie Taschenrechner mit Solarzellen aus. Durch wiederaufladbare Nickel-Cadmium-Akkumulatoren in Verbindung mit Solar-Akku-Ladegeräten kann man alle Kleingeräte auf Solarstrom umstellen. Akkus und Solarladegeräte gibt es im Elektronik-Fachhandel. Die Akkus im Format gängiger Mignon- oder Babyzellen kosten ca. 2–3 DM, die Ladegeräte etwa 50–100 Mark. Bei Billiggeräten besteht die Gefahr, daß sie aus Solarzellen-Ausschuß produziert wurden und nicht allzuviel leisten. Die Fa. Solarstrom H. Straaß vertreibt einen hochwertigen Bausatz eines Solar-Ladegerätes für DM 68.–

11.1.2 Versorgung von abgelegenen Wochenendhäusern, Berghütten, Wohnmobilen oder Booten mit Solarstrom

Solarstrom kann inzwischen durchaus mit Benzin- oder Dieselgeneratoren konkurrieren. Diese Geräte sind zwar billiger in der Anschaffung, haben aber hohe Betriebskosten, abgesehen vom Lärm und den Abgasen, die sie produzieren. Komplette Solaranlagen, die den Anschluß mehrerer Beleuchtungskörper und/oder Kleinverbraucher wie Radio usw. erlauben, gibt es bereits ab ca. 500 DM.

Natürlich kann Solarstrom auch sehr gut zum Nachladen von Fahrzeug-Akkus verwendet werden. Dies ist vor allem für Wohnmobile und Boote interessant.

Daneben sind sie immer dort rentabel, wo ein kleiner Verbraucher an einem abgelegenen Standort versorgt werden soll, z. B. Weidezaungeräte, Parkplatzbeleuchtung, Notrufsäulen, Sender usw.

11.1.3 Die solare Stromversorgung normaler Wohnungen und Häuser

ist fast immer wirtschaftlich noch nicht konkurrenzfähig.

Sein Haus auf Solarenergie umzustellen, verlangt erhebliche Investitionen. Da bei der Umwandlung des von der Solaranlage gelieferten Gleichstroms (meist 24 V) auf 220 V (und oft durch Trafos in den Geräten wieder auf Niedrigspannung) viel Energie verloren geht, müssen große Teile der Elektroinstallation und -geräte verändert oder ausgetauscht werden. Auf Elektro-Heizgeräte ist ganz zu verzichten. Das Solarkraftwerk im Haus benötigt auch immer noch Kontrolle und Wartung.

Trotzdem gibt es schon zahlreiche Beispiele für Strom-autarke Wohnungen und -häuser, die oft bereits an die Rentabilitätsgrenze herankommen. Wenn bei einem Neubau hohe Kosten für den Anschluß an die öffentliche Stromversorgung fällig sind, dann kann sich sogar solare Stromversorgung bezahlt machen. Die inzwischen recht zahlreiche Literatur beschreibt viele solcher Beispiele und verschiedene Firmen wie z. B. Solarstrom H. Straaß oder Wagner Solartechnik beraten eingehend.

Viele Bastler experimentieren trotz der hohen Kosten dennoch mit der Fotovoltaik, um die Umwelt zu entlasten. Dabei sollte aber bedacht werden, daß man seine Mittel möglichst wirkungsvoll einsetzt. Das heißt, zuerst da zu investieren, wo mit dem geringsten Aufwand die größtmögliche Energieersparnis erreicht werden kann. Normalerweise liegen die Prioritäten so:

1. Maßnahmen zur Wärmedämmung des Hauses und zur passiven Energienutzung. Einsparung von bis zu 60% des Energieverbrauchs bei relativ niedrigen Investitionen.

2. Solare Warmwasserbereitung. Einsparung von bis zu 20% des Gesamtenergieverbrauchs bei relativ niedrigen Investitionen.

3. Etwa gleichauf: solare Stromversorgung und Hausheizung durch Warmwasser-oder Warmluftkollektoren mit Einsparung von bis zu 20% bzw. bis zu 60% der Gesamtenergie bei relativ hohen Investitionen.

11.2 Windenergie

Wind wird auch dann noch wehen, wenn alle fossilen Energieträger erschöpft sind. Wind entsteht aus der Sonnenenergie durch unterschiedliche Erwärmung der Wasser- und Bodenflächen. Die Winde wehen an der Küste stärker und nehmen auch mit der Höhe über dem Erdboden zu.

Die Leistung des Windes ist abhängig von der Windgeschwindigkeit (m/sec). Die Kraft des Windes nimmt zur Windgeschwindigkeit in der dritten Potenz zu. Das heißt, daß ein Wind mit 4 m/sec eine 64 mal höhere Kraft besitzt als ein Lüftchen von 1 m/sec. Die Leistungssteigerung stellt natürlich hohe Ansprüche an die Materialien. Ein weiteres Problem stellt das schwankende Energieangebot des Windes im Jahresverlauf dar. Allerdings können Sonnen- und Windenergie sinnvoll ergänzt werden, da es im Winter mehr Wind gibt.

Einsatzgebiete von Windkraftanlagen sind:

– Wasserförderung
– Stromerzeugung
– Wärmeerzeugung durch Wasserwirbelbremse
– Erzeugung von Druckluft
– Belüften von Teichen oder Güllegruben.

Windkraftanlagen werden von verschiedenen Firmen angeboten mit einem Leistungsspektrum von 10 W bis 15 kW. Die Preise liegen z. B. für einen Bausatz eines Windgenerators mit 12 V/300 W bei ca. 4000 DM. Das Material für einen Savonius-Rotor im Selbstbau kostet etwa 800 DM. Es ist zwar nicht einfach, Windenergie zu nutzen und speichern, gerade die Erfahrungen dänischer Betriebe zeigen aber zunehmend, daß Windenergie profitabel einsetzbar ist.

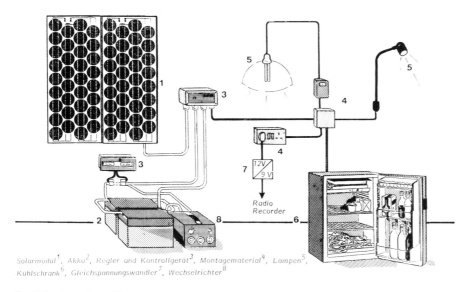

Solarmodul[1], Akku[2], Regler und Kontrollgerät[3], Montagematerial[4], Lampen[5], Kühlschrank[6], Gleichspannungswandler[7], Wechselrichter[8]

Bauteile der solaren Stromversorgung

Anhang 1

Tips für den Selbstbau von Absorberelementen

Durch die inzwischen recht günstigen Fertigabsorber ist die eigene Herstellung eigentlich nur noch für Hobbytüftler interessant, die das Risiko eingehen wollen, daß die Sache dann doch nicht funktioniert. Um die Erfolgschancen etwas zu heben, hier einige Tips:

Grundsätzlich ist zu beachten, daß bei jeder Art von Absorber der Kollektorvorlauf am unteren Absorberteil eintritt und das Wasser ständig steigend zum Rücklauf im oberen Absorberteil gelangt. Luftsäcke machen den Traum vom warmen Wasser durch die Sonne zum Alptraum.

Der Rohrleitungsquerschnitt für den Vor- und Rücklauf sollte, egal bei welchem Absorber, entsprechend unseren beschriebenen Kollektorarten nach der Kollektorfläche berechnet werden. So ist es auch nötig, den Querschnitt der Absorberrohre so zu wählen, daß der Gesamtquerschnitt mindestens so groß ist wie der der Zuleitung. Gegebenenfalls müssen entsprechend viele Rohre parallel geschaltet werden.

Beim Selbstbau gibt es verschiedene Möglichkeiten: vom gebrauchten Flachheizkörper bis zum Absorber ähnlich dem Kupferabsorber.

Flachheizkörper

Gebrauchte Flachheizkörper scheinen zwar auf den ersten Blick für den Absorberbau recht brauchbar zu sein, sie sind aber mit Vorsicht zu genießen, da niemand weiß, wie lange sie noch halten. Der Neukauf von Flachheizkörpern für den Sonnenkollektorbau ist unrentabel.

Mit Solarlack oder hitzebeständiger schwarzer Farbe (matt) behandelte Flachheizkörper können, bei einer Faustformel von 2,5 m² Kollektorfläche und 50 Liter Speichervolumen pro m² Kollektorfläche, im Sommer ausreichend Warmwasser produzieren. Bedingt durch die hohe Materialdicke und den verhältnismäßig großen Wasserinhalt ist er sehr träge.

Autokühler

Aus Autokühlern, oder, noch besser, aus Wärmetauschern von Kühlanlagen oder ähnlichen Rohrpaketen mit Wärmeleitblechen aus der industriellen Anwendung, kann man sich ebenfalls eine Absorberfläche zusammenlöten. Ein israelischer Industriekollektor arbeitet nach diesem System. Bei richtiger Dimensionierung der Absorberfläche erzielt man mit solchen Anlagen annähernd so gute Ergebnisse wie mit den üblichen Metallabsorbern.

Herstellung aus Kupferblechen und -rohren

Sollen Absorberflächen komplett selbst hergestellt werden, bietet sich eigentlich nur ein Material an: Kupfer. Kupfer hat neben der Eigenschaft, daß es sich gut verarbeiten läßt, noch den Vorteil der sehr guten Wärmeleitfähigkeit.

Grundlegend kann man sich an den industriell gefertigten oder auch vorgefertigten Absorbern orientieren. Diese bestehen normalerweise aus Kupferrohren, in denen die Wärmeträgerflüssigkeit fließt und die mit Wärmeleitblechen verbunden sind. Das ideale Größenverhältnis: das Cu-Rohr sollte 10 mm Durchmesser haben und das Wärmeleitblech dieses Rohres sollte maximal 14 – 15 cm breit sein, damit die gesammelte Energie gut abgeleitet werden kann. Ob der Absorber aus einzelnen Kupferblechstreifen mit je einem Kupferrohr besteht, oder ob sich mehrere Rohre auf einem breiteren Blech befinden, ist gleichgültig.

Die Verbindung des Rohres mit dem Blech sollte möglichst durchgehend und die Kontaktfläche sollte so groß wie möglich sein. Es gibt drei grundlegende Möglichkeiten:

– je ein Blech mit der halben Streifenbreite wird links und rechts an das Rohr gelötet
– das Kupferblech wird in der Mitte gesintert (eingewalzt) und das Rohr eingelegt und eingelötet
– das Kupferrohr wird flach auf das Blech aufgelötet.
  Halbrundes Rohr vergrößert die Kontaktfläche.

Anhang 2

Anlagenschaltungen für Sonderfälle

Folgende Schaltungen beziehen sich auf Sonderfälle oder sind Vorschläge zur Optimierung.

Anlagenschaltungen für den Überhitzungsschutz

Wird im Sommer über mehrere Tage kein Warmwasser verbraucht (z. B. im Urlaub), so können im Speicher unerwünscht hohe Temperaturen auftreten, die die Anlagenteile einem hohen Verschleiß unterwerfen. Rippenrohranlagen erreichen nach unseren Erfahrungen kaum Temperaturen über 90 Grad C, wodurch Schäden nicht zu befürchten sind. Bei Anlagen mit Metallkollektoren können aber (vor allem bei Überdimensionierung der Anlage) Temperaturen über 100 Grad C auftreten. Um das Speicherwasser zu kühlen, gibt es mehrere Möglichkeiten:

Die einfachste Möglichkeit besteht darin, die Isolierung des Speichers abzunehmen. Etwas umständlich, aber wirkungsvoll.

Ist der Solarspeicher über eine Ladepumpe mit einem Heizkessel verbunden, so kann dieser Kessel (und damit der Schornstein) zur Kühlung verwendet werden. Hierzu wird ein Wechselschalter eingebaut, der es erlaubt, zwischen "Solarspeicher nachheizen" und "Solarspeicher kühlen" umzuschalten. Gesteuert wird die Kühlfunktion über einen vorhandenen oder notfalls einen noch einzubauenden Speicherthermostaten. Gleichzeitig kann mit der Ladepumpe die Heizkreispumpe betrieben und z. B. das Bad geheizt werden.

Eine weitere Möglichkeit wäre, die Pumpe des Solarkreislaufes über eine Zeitsteuerung einige Stunden nachts zu betreiben. Die Wirkung ist hier allerdings geringer, da nur der untere Teil des Speichers abgekühlt werden kann.

Bypass-Schaltung

Diese Regelung ist in erster Linie für Kollektoren mit sehr langen Vor- und Rücklaufleitungen oder sehr großen Kollektorflächen interessant.

Schaltet die Umwälzpumpe ein, zirkuliert die Solarflüssigkeit erst nur im Solarkreislauf und umgeht den Wärmetauscher im Boiler. Mit Hilfe eines zusätzlichen Zeitrelais und eines Dreiwegeventils wird wenige Minuten später auf Speicherladebetrieb umgestellt. Dadurch wird verhindert, daß das kalte Wasser, das in der Kreislaufleitung gestanden war, den Boiler abkühlt.

Ähnliches kann mit einem speziellen Temperaturdifferenz-Steuergerät und einem Solarlichtfühler erreicht werden. Bei einer bestimmten Strahlungsintensität schaltet die Pumpe ein und der Solarkreis wird aufgewärmt. Wird eine sinnvolle Ladetemperatur erreicht, schaltet das Dreiwegeventil auf Spei-

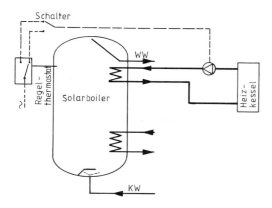

Schema für Kühlung durch den Heizkessel

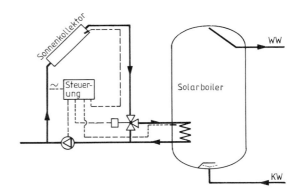

Schema der Bypass-Schaltung

cherladung um. Durch die Zirkulation kann hier der Kollektorfühler an beliebiger Stelle im Kollektorrücklauf installiert werden.

Zwei-Kollektorfelder-Schaltung

Kollektoren, die in stark voneinander abweichender Richtung zur Sonne stehen (z. B. eine Fläche auf dem Ost-, eine auf dem Westdach), sollten getrennt geregelt werden. Sonst passiert es, daß die Energie, die ein Kollektor sammelt, von dem anderen wieder abgestrahlt wird.

Dies wird erreicht durch zwei normale Temperaturdifferenzsteuergeräte (je 1 Kollektor- und Speicherfühler) oder durch ein spezielles Doppel- Temperaturdifferenz-Steuergerät mit zwei Kollektorfühlern und einem Speicherfühler.

Diese Geräte steuern zwei getrennte Pumpen mit Rückflußverhinderer für jeden Solarkreislauf. Beim Doppel-TDS können die zwei Pumpen auch durch eine Pumpe und zwei Stellventile ersetzt werden.

Speicher-Vorrang-Schaltung

Für Solaranlagen mit zwei Speichern bietet sich eine spezielle Regelung an.

Hier wird zunächst nur einer der beiden Speicher, der Vorrangspeicher, bis zur vorgewählten Temperatur erwärmt. Reicht die Solareinstrahlung nicht aus, wird nur bis auf die maximal mögliche Tempertur erwärmt und dann auf den zweiten Speicher umgeschaltet. Steigt die Solareinstrahlung im Laufe des Tages, so wird wieder auf den Vorrangspeicher geschaltet. Hat der Vorrang-

speicher seine vorgewählte Temperatur erreicht, wird die restliche Zeit (Energie) nur in den zweiten Speicher geladen.

Diese Steuerungsart kann in verschiedenen Kombinationen sinnvoll eingesetzt werden.

– Anlagen mit zwei oder mehr Speichern (Kaskadenprinzip)
– Brauchwasserspeicher und Schwimmbaderwärmung
– Brauchwasserspeicher und Puffererwärmung für die Raumheizung
– Speicher-Schnellaufheizung

Ein zusätzlicher Tauscher im oberen Boilerbereich wird vorrangig durchflossen und sorgt so für schnell verfügbares Warmwasser.

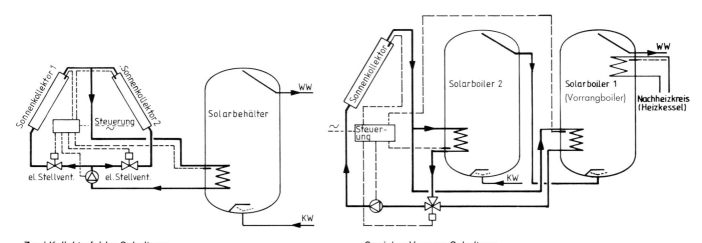

Zwei-Kollektorfelder-Schaltung   *Speicher-Vorrang-Schaltung*

Anhang 3

Energiemaßeinheiten
und Umrechnungstabelle

Energie	= Leistung x Zeit
1 Joule	= 1 Ws
1 Kilowattstunde (kWh)	= 1 kW x 1 h
1 Kilowattjahr (kWa)	= 8766 kWh ~
	= 1 t SKE
1 Terrawattjahr (TWa)	= 1 Billion Watt x
1 Jahr ca.	= 1 Mio t SKE

1 Steinkohleneinheit (SKE)
= Heizenergie, die mit einer Tonne
Steinkohle erzielt werden kann

1 Million Tonnen SKE	= 1 Mio t SKE

Leistung	= Arbeit je Zeiteinheit
1 Watt (W)	
1 Kilowatt (kW)	= 1000 Watt (W)
1 Megawatt (MW) = 1000 kW	= 1 MW
1 Kcal/h	= 1,16 W
1 kW	= 1,36 PS
1 PS = 0,735 kW	= 632 Kcal/h
1 Kcal/h x m2	= 1,16 W/m2
1 to SKE/Jahr = 799 Kcal/h	= 0,928 kW

1 kWh = 860 Kcal = $3,6 \times 10^6$ J(Joule)

	= 1,36 PSh
1 t SKE = 7 Gcal	= 7×10^9 cal
	= 8130 kWh

Elektrischer Strom

1 kWh	= 860 Kcal
1 Liter Heizöl EL	
11,9 kWh	= 10 250 Kcal
1 Betriebskubikmeter Gas	
8,37 kWh	= 7 200 Kcal
1 kg Braunkohlenbriketts	
5,94 kWh	= 5 110 Kcal
1 kg Zechenkoks	
8,14 kWh	= 7 000 Kcal
1 kg Brennholz	
4,18 kWh	= 3 600 Kcal

(1 Raummeter = 500 kg)

Anhang 4

Bildnachweis

Thermosolar Energietechnik GmbH
München/Garching (3,7,10,14,15)
Jens Mittelsten-Scheid (4,9)
Solar-Wasserstoff-Bayern GmbH
(4,5,6,7,83)
Wagner&Co, Solartechnik, Marburg
(12,75,84)
Stiebel-Eltron (14)
Messe Frankfurt GmbH (16)
Resol (28)
Stiftung Warentest (24)

Anderen Abbildungen:

Zeichnungen:
Hans Fleckinger, Franz Mittermair

Fotos:
Franz Mittermair, Werner Sauer,
Hans Urbauer, Gerhard Weiße

Anhang 5

Literaturliste

Bücher zum Selbstbau v. Solaranlagen

Auer, Falk:
Solare Brauchwassererwärmung im
Haushalt. Karlsruhe, 5. Aufl. 1989
(C.F. Müller, 18,00 DM)

    Anleitung zum Bau einer einfachen
    Schwerkraftanlage

Jakobs, Peter/Maas/Schreier/Wagner:
So baue ich meine Solaranlage
Selbstverlag, 1988, (Wagner, Afföl-
derstr. 30, Marburg, 19,80 DM)

    Grundlagen, Planung und Montage
    der Anlage mit Sun-Strip Kupfer-
    kollektoren

Lorenz-Ladener, Claudia/Ladener,
Heinz:
Solaranlagen im Selbstbau
Staufen, 4. Aufl. 1985
(Ökobuch Verlag, DM 22.00)

    Warmwasser, Schwimmbad,
    Raumheizung

Landtechnischer Verein i. B. e.V.
(Hrsg.): Bauanleitung für Selbstbau-
Serpentinenkollektor.
Selbstverlag o. J.
(Vöttingerstr. 36, 8050 Freising)

    Kurze Bauanleitung, mit Schwer-
    punkt auf dem Kollektor

*Bücher zu Solaranlagen für
Warmwasserbereitung allgemein*

Kaufmann, Klaus-Dieter/Höfler, Bernd:
Sonnenkollektoren.
Was Sie darüber wissen sollten.
Puchheim, 1980 (Idea, 24.80 DM)

Messe Frankfurt GmbH (Hrsg.):
Warmwasser mit Sonnenenergie
Dokumentation der Sonderschau
der ISH87, Frankfurt, 1987

> Kurzfassung des TÜV-Tests. Messe
> Frankfurt, Ludwig Erhard Anlage 1,
> 6000 Frankfurt 1

Regenerative Energiequellen allgemein

BINE Bürgerinformation:
Marktführer-Adreßhandbuch
"Erneuerbare Energiequellen –
Rationelle Energieverwendung".
Karlsruhe, 2. Aufl. 1991
(C.F. Müller, 58,00 DM)

> Umfassendes Adreßhandbuch
> (Firmen, Institutionen usw.)

Bundesministerium für Forschung und
Technologie: Erneuerbare Energiequellen. Bonn, 1987 (BMFT, Heinemannstr.
2, 5300 Bonn 2)
Stand, Aussichten, Arbeitsziele

Dt. Fachverband f. Solarenergie
(Hrsg.): Zeitschrift
"Sonnenenergie und Wärmepumpe".
DFS, Hindenburgallee 1,
8017 Ebersberg (zweimonatlich)

Dt. Gesellsch. f. Sonnenenergie
(Hrsg.): Zeitschrift "Sonnenenergie".
München (zweimonatlich)

Kleemann, Manfred/Meliss, Michael:
Regenerative Energiequellen
Berlin 1988 (Springer, 64,00 DM)

> Lehrbuch

Lippold, Hans / Trogisch, Achim /
Friedrich, Herbert:
Solartechnik. Thermische und fotoelek-
trische Nutzung der Solarenerie.
Leipzig, 1984
(Vertrieb: W. Ernst & Sohn, 56,00 DM)

> Theoretisches Grundlagenwerk

Rotarius, Thomas (Hrsg.):
Dauerhafte Energiequellen.
Lahntal, 16. Aufl. 1988 (24,80 DM)

> Einführungen in verschiedene
> regenerative Energiequellen mit
> Buch- u. Adressentips

Schaefer, Helmut (Hrsg.):
Nutzung regenerativer Energiequellen.
Düsseldorf, 1987
(VDI Verlag, 25,00 DM)

> Daten und Fakten für die Bundes-
> republik Deutschland

Scheer, Hermann (Hrsg.):
Das Solarzeitalter. Karlsruhe 1989
(C.F. Müller, 29,80 DM)

Weber, Rudolf:
Laßt uns Energie vom Himmel holen
Oberbözberg (Schweiz),
1986 (Olynthus Verlag, 14,80 DM)

Weber, Rudolf (Hrsg.): Webers Ta-
schenlexikon Band 2:
Erneuerbare Energie.
Oberbözberg, 1986
(Olynthus, 24,80 DM)

Photovoltaik

Borsch-Laaks, Robert/Stenhorst, Peter:
Das Solarzellen Bastelbuch
Springe, 2. Aufl. 1986
(Auslieferung Ökobuch, 14.80)

Jäger, F. /Räuber, A. (Hrsg.):
Photovoltaik. Strom aus der Sonne.
Karlsruhe, 2. Aufl. 1990
(C. F. Müller, 48,00 DM)

> Technologie, Wirtschaftlichkeit und
> Markt. Fundiertes Grundlagenwerk.

Ladener, Heinz:
Solare Stromversorgung.
Staufen, 1986
(Ökobuch Verlag, 29.80 DM)

Muntwyler, Urs: Praxis mit Solarzellen.
München, 3. Aufl. 1990
(Franzis Verlag, 14,80 DM)

> Kennwerte, Schaltungen und Tips
> für Anwender

Luftkollektoren und Solarheizung

Schulz, Heinz:
Wärme aus Sonne und Erde.
Staufen, 2.Aufl. 1990
(Ökobuch Verlag, DM 24.80)

> Heizung mit Sonnenkollektor,
> Wärmepumpe und Erdspeicher

Andere alternative Energiequellen

Bundesarbeitsgemeinschaft Biogas
(Hrsg.):
Landwirtschaftliche
Biogasanlagen für den Eigenbau.
Selbstverlag, 1983 (Biogasgruppe
Hamburg)

Jarass, Lorenz:
Strom aus Wind. Integration einer
regenerativen Energiequelle.
Berlin Heidelbg. N.Y., 1981
(Springer, 26,00 DM)

v. König, Felix:
Großkraft Wind. Karlsruhe 1988
(C.F. Müller, 39,00 DM)

Unfassende Information über
weltweite Windkraftnutzung

Molly, Jens-Peter:
Windenergie.
Theorie, Anwendung, Messung.
Karlsruhe, 2. Aufl. 1990
(C.F. Müller, 89,00)

Grundlagenwerk

Stampa, Ulrich/Bredow, Wolfgang:
Die Windmacher.
16 Selbstbau-Windkraftanlagen in Nord-
deutschland.
Staufen 1987 (Ökobuchverlag, 19,80)

BauanleitungenDIN A 4

Anhang 6

Bezugsquellenverzeichnis

Unser Bezugsquellenverzeichnis will Ihnen dabei helfen, Materialien für Solaranlagen oder komplette Anlagen zu beziehen. Es ist zwar das bisher umfas-
sendste und differenzierteste, kann aber
trotzdem keineswegs Anspruch auf
Vollständigkeit erheben. Firmen, die
gerne in zukünftige Auflagen dieses
Werkes aufgenommen werden wollen,
fordern bitte unseren Fragebogen an.

Gegliedert ist das Verzeichnis nach der
Postleitzahl, damit es Ihnen leicht fällt,
Firmen in Ihrer Nähe zu finden. Firmen,
die nur einzelne Komponenten für Solaranlagen herstellen, werden am
Schluß des Bezugsquellenverzeichnis-
ses genannt. Die nachfolgende Le-
gende erklärt die einzelnen Angaben in
der Tabelle.

Unter Sonnenkollektoren, Speicher, Regeltechnik und Meßtechnik bedeutet

H = Herstellung
V = Vertrieb
I = Installation

Bei den Abkürzungen für das Kollektor-
system, das Speichermaterial und die
Systeme für Regel- und Meßtechnik
handelt es sich zum Teil um Kürzel für
Systemeigenschaften, zum Teil für Firmen. Firmen werden nur eigens aufge-
führt, wenn sie bisher öfter als zweimal
genannt wurden.

Grundsätzlich bedeutet

EI = Eigenentwicklung
VS = Verschiedene
SO = Sonstige

Kollektorsysteme:

RR = Rippenrohr
CU = Kupfer
VK = Vakuum-Röhre
FI = Flach
TS = Fa. Thermosolar
CR = Fa. Christeva
SS = Sunstrip
SB = Schwimmbad (oft RR)
VF = Vakuumflach
SY = Thermosyphon
AB = Fa. Arbonia
HS = Fa. Heliostar

Speichermaterial:

EM = Emailliert
ST = Stahl
SK = Stahl kunststoffbeschichtet
LT = Latentwärmespeicher
ES = Edelstahl
SZ = Stahl verzinkt
KU = Kunststoff

Regeltechnik:

TD = Temperaturdifferenz
CO = Computer
RE = Fa. Resol
SR = Fa. Schrul

Meßtechnik:

WM = Wärmemenge
TM = Temperatur
SM = Sonneneinstrahlung
DU = Durchfluß
BS = Betriebsstunden
CO = Computer
RE = Fa. Resol

Firma	Sonnenkollektoren	Kollektorensysteme	Material für Selbstbau	Unter 400 DM/m²	Speicher	Volumen von bis (l)	Material	Wärmetauscher von bis (m²)	Regeltechnik	System	Meßtechnik	System
Bernd-Rainer Kasper Solartechnik Glogauer Str. 10 1000 Berlin 36 030/746860	H V I	SS	•	•	V I	80 1000	EM ES	1.30 2.60	V I	RE		
Großmann Solartechnik Neanderstr. 39 1000 Berlin 49 030/7461166	V I	VS	•		V I	150 1500	EM ES	1.80 2.60	V I	RE	V	RE
Schenckenberg GmbH Soltauer Str. 16 2720 Rotenburg (Wümme) 04261/3377	V I	VS			I		EM ES		I	VS		
Reinhard Solartechnik GmbH An der Riede 7 2803 Weyhe 04203/1317	H V I	VS	•	•	V I	100 1500	ES LT	1.20 7.50	V I		V	
Regenbogen Lindenstr. 23 2820 Bremen 70 0421/666933	V I	VS	•	•	V I	200 1500	ES	1.80 2.50	V I	VS	V I	SM WM

Bezugsquellen

Firma	Sonnenkollektoren	Kollektorensysteme	Material für Selbstbau	Unter 400 DM/m²	Speicher	Volumen von bis (l)	Material	Wärmetauscher von bis (m²)	Regeltechnik	System	Meßtechnik	System
Solarbau Clenze Marschtorstr. 57 3138 Dannenberg 05861/8520	H V I	VS	•	•	V I	140 400	EM ES	1.20 2.60	V I		V I	
Sanfte Energie GmbH Energie- u. Umweltzentrum 3257 Springe-Eldagsen 05044/380	H V I	VK VK FL	•	•	V I	120 2500	EM ES	1.20 2.60	V I	RE SO	V I	VS
Solvis Energiesysteme Marienbergerstr. 1 3300 Braunschweig 0531/871088-80	H I	FL	•		V I	200 2000	EM ES	1.20 2.50	V I	RE		
Umweltfreundliche Energieanlagen GmbH Zur alten Schmiede 4 3407 Großlengden 05592/1592	V I	TS SS	•	•	V I	300 3000	EM ES	1.80 5.00	H V I	VS	H V I	VS
Energie Werkstatt Martin Liedke Berger Dipl.-Ing. Auf dem Placke 4 3412 Sudershausen 05594/1798	H V I	SS VK	•	•	V I		EM ES		V I		V I	

Firma	Sonnenkollektoren	Kollektorensysteme	Material für Selbstbau	Unter 400 DM/m²	Speicher	Volumen von bis (l)	Material	Wärmetauscher von bis (m²)	Regeltechnik	System	Meßtechnik	System
Stiebel Eltron GmbH & Co. KG Dr. Stiebel Straße 3450 Holzminden 1 05531/7021	H	VK FL										
Wagner & Co. Solartechnik Zimmermannstr. 1 3550 Marburg 06421/67055, FAX /681339	H V I	SS SB	●	●	H V I	200 1000	EM	1.30 3.60	V I	TD CO	H V	SM
Solartechnik - alternative Energien Bahnhofstr. 2 b 4170 Geldern 1 02831/88981	V I	VK VF FL	●		V I	200 1000	EM		V I	VS		
Installa Energietechnik Lindenstr. 8-10 4174 Issum 1 02835/3883	V I	EI	●	●	V I	300 2000	EM ES ST	2.00 30.00	H V I	SO		
Welker Solartechnik Wärme + Strom v.d. Sonne Pilotystr. 23 4300 Essen 1 0201/740161	V I	SS HS VS	●		V I	100 1500	ES LT	1.80 2.60	V I	RE SO	V I	

Bezugsquellen

Firma	Sonnenkollektoren	Kollektorensysteme	Material für Selbstbau	Unter 400 DM/m²	Speicher	Volumen von bis (l)	Material	Wärmetauscher von bis (m²)	Regeltechnik	System	Meßtechnik	System
Resol Elektr. Regelungen GmbH Von-Galen-Str. 4 4322 Sprockhövel 02324/7631									H	TD		
Diamant-Solar System GmbH Prozessionsweg 10 4441 Wettringen 02557/442, FAX /1490	H V I	SO	●	●	H V I	130 1500	EM	1.50 4.50	V I	TD VS		
Helmut Schiemansky Energie Wasser Anlagen Gleiwitzer Str. 3 4443 Schüttendorf 05923/3565 + 4554	V I	FL VK VS	●	●	V I	100	EM ES LT	1.30	V I	VS	V	
FSB-Steinrücke GmbH Elektro-, Hzg., Installation An der Goymark 19 4600 Dortmund 0231/462083–84	H I	VS	●		V I	2000	EM		V I	VS		
Solar 'c' Johannes Clasbrummel Paderborner Str. 429 4837 Verl 2 – Kaunitz 05246/3920 + 3927	V I	SS FL VF	●	●	V I	200 1500	EM ES	0.60 4.50	V I	TD		

Firma	Sonnenkollektoren	Kollektorensysteme	Material für Selbstbau	Unter 400 DM/m²	Speicher	Volumen von bis (l)	Material	Wärmetauscher von bis (m²)	Regeltechnik	System	Meßtechnik	System
Energieladen Köln Ökologisches Bauen GmbH Olpener Str. 616 5000 Köln 91 0221/8902033, FAX /8902011	H V I	SS VK TS	•	•	V I	160 2000	EM	1.20 2.50	V I	RE SO		
Rosenbaum & Wieland Heizung und Sanität Luxemburger Str. 10 5000 Köln 1 0221/23 73 63	V I	AB			V I	100 500	EM ES	4.00 45.00	V I	VS	V I	
behaglich warm & schadstoffarm Berliner Str. 3 5340 Bad Honnef 02224/5424	V I		•	•	V I	300 1000	EM ES KU	1.20 1.80	V I	CO		
W. A. Schulte GmbH Altenaer Str. 36 5880 Lüdenscheid 02351/3763	I	AB SO			I	200 1000	ES	2.00 20.00	H I	SO	H I	SO
Energie–Beratungs–Service Tiroler Str. 61 6000 Frankfurt 70 069/636192	H V I	EI SS VS	•	•	H V I	500	KU	2.80	H V I	EI	H V I	EI

Bezugsquellen

Firma	Sonnenkollektoren	Kollektorensysteme	Material für Selbstbau	Unter 400 DM/m²	Speicher	Volumen von bis (l)	Material	Wärmetauscher von bis (m²)	Regeltechnik	System	Meßtechnik	System
Ökol. Energie & Bautechnik Liebfrauenstraße 1 6100 Darmstadt 06151/76091	H V I	SS VK SB	●	●	V I	200 2000	EM	1.20 2.60	V I	RE	H V I	EI
Energietechnik Bergstraße Horst Zickler Birkenstr. 30 6104 Seeheim–Jugenheim 06257/61456	V I	SS HS SO	●	●	V I	200 1500	ES	1.30	V I	RE VS	V I	
Solar Terra Therm Systeme Probst KG Postfach 1870 6370 Oberursel 06171/3545	V i	VS			H I	100 1500	EM		V I	SO	V	
Solar Energie Technik GmbH 1. Industriestr. 1–3 6822 Altlußheim 06205/3525, FAX /3528	H V	SY SB	●	●	H V	160 1000	EM ES	1.25 3.50	H V		H V	
alpha–vogt GmbH & Co. KG Im Steinernen Kreuz 42 7131 Wurmberg 07044/4085, FAX /43548	H			●	V	350 1000	ES		V			

Firma	Sonnenkollektoren	Kollektorensysteme	Material für Selbstbau	Unter 400 DM/m²	Speicher	Volumen von bis (l)	Material	Wärmetauscher von bis (m²)	Regeltechnik	System	Meßtechnik	System
Kopf GmbH Sanitär Heizung 7247 Sulz–Bergfelden 07454/75–0	I				I				I		I	
Dietl Heizung–Lüftung–Klima Lorcher Str. 37/1 7320 Göppingen 07161/23400	V I	VK CR	●		V I		VS		V I	VS	V I	
Energie Spar Laden Vendelaustr. 7 b 7440 Nürtingen 07022/36010	V I	SS SD	●	●	V I	300 2000	EM	1.20 5.00	V I	RE	V I	WM CO
Stürmer + Schüle OHG Wilhelmstr. 24 a 7800 Freiburg 0761/32881, FAX 280513	H	EI	●	●	V	500 10000	KU	Mod. je 2.50	V			
Mildebrath Sonnenenergie Marckolsheimer Str. 6 7831 Sasbach a. K. 07642/7228	H I			●	I	500	EM		I		I	

Bezugsquellen

Firma	Sonnenkollektoren	Kollektorensysteme	Material für Selbstbau	Unter 400 DM/m²	Speicher	Volumen von bis (l)	Material	Wärmetauscher von bis (m²)	Regeltechnik	System	Meßtechnik	System
HEWE Solar–Energie Beratung und Vertrieb Hauptstr. 2 7831 Sasbach 1 07642/8844	V I	VK FL SY SB	●	●	V I	130 1500	EM	1.50 5.90	V I	VS	V	WM SM BS
Blinkert GmbH Heizung, Lüftung, Sanitär Am Riedbach 3 7882 Albbruck–Birndorf 07753/5051	V I	AB VK			V I	500 20000	EM WS	1.40 4.50	V I	VS		
Ingenieurbüro für optimierte Energieanwendung Zeitblomstr. 47/1 7900 Ulm/Donau 0731/68238	V I	VS	●	●	V I		EM ES SK LT		H V I	VS	H V I	VS
GFIT mbH Platzgasse 7901 Bernstadt 07348/6529									H V I	TD	H V I	SM WM TM
Bruno Riech Solartechnik, Stahlbau Siemensstr. 7 7990 Friedrichshafen 5 07541/51453	H V I	EI	●		V I				H V I	EI	H V I	EI

Firma	Sonnenkollektoren	Kollektorensysteme	Material für Selbstbau	Unter 400 DM/m²	Speicher	Volumen von bis (l)	Material	Wärmetauscher von bis (m²)	Regeltechnik	System	Meßtechnik	System
Energiesparladen München Fa. Kroschl Weißenburger Str. 30 8000 München 80 089/4801243, FAX 4487974	V I	SO	●	●	H V I	500 10000	ES ST	1.50 5.00	H V I	VS	H V I	CO
Helios Heizungs-, Klima- u. Kältetechnik GmbH Meindlstr. 23 8000 München 70 089/771021–22	V I	VK SB			V I	300 1000	ES		V I	RE	V I	RE
Rea Energietechnk GmbH Rottmannstr. 18 8000 München 2 089/522017, FAX /5232329	H V I	SS	●	●	V I		EM SK		H V I	TD		
Karl Mittermeier GbR Heizungsbau Ebersberger Str. 34 8011 Hohenlinden 08124/580	V I				V I	300 1000	EM ES	1.20 6.00	V I	SO	I	
Christeva Sonnenenergietechnik Sommerstr. 20 8029 Sauerlach 08104/1608	H	CR SB			H	260 1000	EM ES	1.80 2.50	H	TD EI		

Bezugsquellen

Firma	Sonnenkollektoren	Kollektorensysteme	Material für Selbstbau	Unter 400 DM/m²	Speicher	Volumen von bis (l)	Material	Wärmetauscher von bis (m²)	Regeltechnik	System	Meßtechnik	System
Thermo–Solar Energietechnik GmbH Carl v. Linde Str. 23 8046 Garching 089/3206246–48	H	VF FL	●	●	H	300 10000	ES	0.30 99.00	H	EI	H V	EI
Meuvo Ökotechnik GmbH Sackgasse 6 8050 Freising 08161/12268	H V I	RR CU SS SB	●	●	H V I	350 10000	EM	1.30 100.00	V I	RE SR	V I	RE
Bauer Energietechnik Dorfstr. 20 8079 Rieshofen 08426/748	V I	FL VK	●	●	V I	200 1000	EM ES LT	1.00 3.50	V I	TD	V	
Wimmer Heizungsbau Schmerbeckstr. 4 8090 Wasserburg / Inn 08071/8055	I	AB CR VK TS			I	300 10000	EM ES	0.50 2.00	I	VS	I	SO
Solarflex Robert Pfenning Gut Schwaige 97 8130 Leutstetten b. Starnberg 08151/8624	H V	RR CU EI SB SY	●	●	V	200 2000	SK	1.30 2.30	H V I	SR	V	

Firma	Sonnenkollektoren	Kollektorensysteme	Material für Selbstbau	Unter 400 DM/m²	Speicher	Volumen von bis (l)	Material	Wärmetauscher von bis (m²)	Regeltechnik	System	Meßtechnik	System
oku Obermaier GmbH Solarenergietechnik 8137 Sibichhausen 08151/51226, FAX /50220	H V	SB SO	•	•	H V	160 1500	EM ES	1.50 2.50 KU	H V	TD		
Ziereis GmbH Am Berg 6 8210 Prien / Chiemsee 08051/2015	H V I	FI	•		V I	300 1000	EM	1.00 1.50	V I	RE		
CW-Solartechnik GmbH 8221 Lauter 0861/7324 Werkstatt: 8217 Grassau 08641/3794	V	FI	•	•	V	300 750	EM		V	RE	V	RE
Solar– und Elektrotechnik Gerhard Weisse Pappelweg 1 8221 Kienberg 08628/701	H V I	RR CU	•	•	V	300 800	EM ES	1.50 2.50	V	SR TD		
Getra Solarenergietechnik Schulgasse 3–5 8309 Osterwaal / Au 08752/7373	H				V	360 800	EM ES SK	1.30 3.10	H	TD		

Firma	Sonnenkollektoren	Kollektorensysteme	Material für Selbstbau	Unter 400 DM/m²	Speicher	Volumen von bis (l)	Material	Wärmetauscher von bis (m²)	Regeltechnik	System	Meßtechnik	System
Thom Setzermann Ing. Ökologische Heiztechnik / Solaranlagen Weidenweg 2 8338 Schönau 08726/1625	V I	SS CU SO	•	•	V I	200 750	EM ES KU	1.50 5.60	V I	RE SO		
Thermo–Solar Energietechnik GmbH Siemensstr. 11 8400 Regensburg 0941/794097	H	FL VF		•	H	300	ES	1.50 3.00	H	VS	H	VS
Energiesparladen Regensburg Brunnleite 7 8400 Regensburg 0941/560537	H V I	SS TS	•	•	V I	300	EM ES	1.20	H V I	RE EI		
Energiesparladen M. Stahl & Partner GbR Gostenhofer Hauptstr. 51 8500 Nürnberg 70 0911/262535	V I	SS	•	•	V I	200 10000	EM	1.20 2.60	V I	RE		
Weidner Siegfried GmbH Bahnhofstr. 5 8603 Ebern 09531/755	V I	VS			V I				V I	VS	V I	VS

Firma	Sonnenkollektoren	Kollektorensysteme	Material für Selbstbau	Unter 400 DM/m²	Speicher	Volumen von bis (l)	Material	Wärmetauscher von bis (m²)	Regeltechnik	System	Meßtechnik	System
Solar-Fit GmbH Engineering und Marketing Ohmstr. 3 8618 Strullendorf 09543/1437	H V I	SF OK			V I	300 1500	EM ES	1.00 14.00	V	RE	V I	RE
Ingenieurbüro für Umwelttechnik Friedhofstr. 15 8652 Stadtsteinach 09225/1838	V I	SS CU RR VS	●	●	V I	400 1500	EM		V I			
Energie–Beratungs–Service Roland Schwab Ludwig–Krug–Str. 16 8720 Schweinfurt 09721/86529	H V I	CU SS RR VS	●		V I	300 1500	EM KU		H V I	EI RE	V I	VS
Herwi Solar GmbH Röllf. Str. 17–18 8761 Röllbach 09371/1554	H	EI	●	●	H	200 1000	EM ES	1.00 8.00	H	VS	H	TM
Georg Wagner GmbH & Co. Walo–Wärmetechnik Kallbachweg 17 – Pf. 540 8770 Lohr am Main 1 09352/9088	H	EI	●	●	H	150 5000	SK	1.30 5.20	H	SO		

Bezugsquellen

Firma	Sonnenkollektoren	Kollektorensysteme	Material für Selbstbau	Unter 400 DM/m²	Speicher	Volumen von bis (l)	Material	Wärmetauscher von bis (m²)	Regeltechnik	System	Meßtechnik	System
Andrea Werner–Wolff Türkenfelder Str. 3 8919 Pflaumdorf 08193/7609	V I	SS RR SO	•	•	V I	300	EM ST	1.50 4.00	V I	RE EI	V I	EI
Sandler Energietechnik Ölmühlhang 17 8950 Kaufbeuren 08841/3001	H V I	SS TS VS	•	•	H V I	300 1000	EM	1.89 5.40	H V I	EI RE	V I	WM BS TM
Butscher Heizung und Sanitär Füssener Str. 25 8968 Durach 0831/63329	I	VS			I	200 1000	EM		I			
Duratherm GmbH Energietechnik Lindenhöhe 10 8968 Durach/Allgäu 0831/63955	H V	EI	•	•	V	100 5000	EM	1.30 7.20	H V	EI	V	
Sonnen–Energie–Systeme Siegfried Carl Postfach 1515 8998 Lindenberg 08381/5656, FAX /5863	H V I	EI VK SO	•	•	H V I	100 20000	EM ES KU	1.20 100.00	H V I	RE EI SO CO	I	WM TM SM DU BS CO

Firma	Sonnenkollektoren	Kollektorensysteme	Material für Selbstbau	Unter 400 DM/m²	Speicher	Volumen von bis (l)	Material	Wärmetauscher von bis (m²)	Regeltechnik	System	Meßtechnik	System
Elmar Filser Bregenzer Str. 53 8999 Weiler / Allgäu 08387/2015	V I	VK SO			I				I		I	

Anhang

Hersteller von Komponenten

Wärmeträgerflüßigkeit

Tyforop Chemie GmbH
Hellbrookstr. 5a
2000 Hamburg 60
040/612169

Optimol Ölwerke GmbH
Friedenstr. 7
8000 München 80
089/41830

oder

Aumühlwiese 3
8700 Würzburg
0931/23174

Kettlitz-Chemie GmbH & Co. KG
Industriestraße 6
8859 Rennertshofen
08434/715 - 718

Solarlack

Transfer-Electric GmbH & Co. KG
Untere Bergstraße 32
2844 Lemförde
05443/1808

Ball-Chemie
Offenbacher Landstr. 93
6452 Hainburg 2
06182/69129

Rippenrohr

Droßbach GmbH & Co. KG
Am Walburgerstein 7
Postfach 1220
8852 Rain/Lech
09002/7020

Hegler Plastik GmbH
Heglerstraße 8
8735 Oerlenbach
09725/66-0

Solar-Umwälzpumpen-Vertrieb

Solarstrom Harald Straass
Keltenweg 3
8130 Starnberg-Perchting
08151/6060

*und verschiedene Firmen
in der Tabelle*

(z. B. Wagner Marburg)

Stichwortverzeichnis